新编21世纪高等开放教育系列教材

家政职业道德与法律法规

主　编　周　晖
副主编　王奕超　梁喆旎

中国人民大学出版社
·北京·

图书在版编目（CIP）数据

家政职业道德与法律法规 / 周晖主编. -- 北京 :
中国人民大学出版社，2022.4
新编 21 世纪高等开放教育系列教材
ISBN 978-7-300-30198-3

Ⅰ.①家… Ⅱ.①周… Ⅲ.①家政服务—职业道德—开放教育—教材 Ⅳ.①TS976.7

中国版本图书馆 CIP 数据核字（2022）第 010487 号

新编 21 世纪高等开放教育系列教材
家政职业道德与法律法规
主 编 周 晖
副主编 王奕超 梁喆旎
Jiazheng Zhiye Daode yu Falü Fagui

出版发行	中国人民大学出版社		
社 址	北京中关村大街 31 号	**邮政编码**	100080
电 话	010－62511242（总编室）		010－62511770（质管部）
	010－82501766（邮购部）		010－62514148（门市部）
	010－62515195（发行公司）		010－62515275（盗版举报）
网 址	http://www.crup.com.cn		
经 销	新华书店		
印 刷	北京七色印务有限公司		
开 本	787 mm×1092 mm 1/16	**版 次**	2022 年 4 月第 1 版
印 张	14.25	**印 次**	2025 年 6 月第 4 次印刷
字 数	290 000	**定 价**	39.00 元

前言

PREFACE

本教材是打造独具北京开放大学特色教材的一种尝试，是为了解决学习者的职业需求与网络教育教材匮乏现状之间的矛盾而编写和出版的。本书以习近平新时代中国特色社会主义思想为指导，全面融入党的二十大精神，始终把提高学生的思想道德素质与专业素养融为一体，培养学生诚实守信、爱岗敬业等优秀品质，为中国式现代化建设提供高技能人才支撑。

本教材基于网络教学时空分离的特点，通过图文并茂的新颖形式，集学、练、考于一体，在满足教学内容够用、好用的同时，又极大地照顾了学生的学习感受，增强了学生的学习能动性。

学习家政职业道德与法律法规，对于家政服务员个人发展和社会经济发展都具有重要意义。基于这一理念，本教材既系统阐述了家政服务员的职业道德和工作所涉及的各种法律法规，又考虑到家政服务员的工作实践需求，选择与其工作最为密切的法律法规，删繁去简，在保证课程内容完整性、系统性的同时，又较为弹性地适用于不同模式的自主学习。同时，考虑到相关的法律法规内容相对晦涩，本教材从司法实务中挑选了大量具有代表性的案例，并予以编改，以帮助学生理解知识内容。从这一角度来说，本教材不论是对于在职成人还是对相关知识内容有兴趣的人士均有学习和提高的价值。

本教材在出版的过程中得到了北京开放大学和中国人民大学出版社的大力支持，在此致谢！

由于法律修订等原因，加之编者水平有限，书中难免存在遗漏和不妥之处，敬请读者谅解和指正。

周晖

目录

CONTENTS

第六章 家政职业与民事诉讼法

第一章

家政服务人员
基本职业道德与法律法规

第一节 家政服务人员的职业道德

导语

家政行业是我国服务性产业的重要组成部分，为社会经济发展作出了重要的贡献。同学们，你认为家政服务人员的职业道德有哪些呢？职业道德与社会道德有什么区别呢？接下来我们将一起进入今天的课程学习。请先阅读案例索引，带着问题学习。

案例索引

张女士预约了好阿姨公司的一名保洁阿姨来家中进行 4 个小时的清洁服务，预约的时间是从早上 8 点到中午 12 点。因为房子还未入住，张女士在 8 点前就到了新家。但是直到 9 点钟，保洁阿姨才赶到，并且没有提前联系，也没有道歉。

请问：你觉得保洁阿姨的行为是否符合家政服务人员的职业道德要求？

家政服务作为一个人对人、面对面接触的特殊职业，服务对象广泛，从刚出生的宝宝到满头银发的老人，从职场精英到普通家庭，都可以成为家政服务的服务对象。很多时候，家政服务考验的就是服务人员的个人素养和专业能力。而在现实生活中，家政服务人员和雇主之间的矛盾、纠纷新闻层出不穷，比如家政服务人员不告而别；保洁人员偷盗雇主财物、故意损坏雇主物品；家政阿姨虐待儿童与老人；等等。为了家政行业的健康发展，家政服务人员除了需要不断学习技能，不断提高服务质量，还需要在工作中遵守职业道德，树立自身良好形象。

一、道德与职业道德

（一）道德

从词源上来说，道德最早可追溯至先秦思想家老子的《道德经》一书："道生之，德畜之，物形之，势成之。是以万物莫不尊道而贵德。道之尊，德之贵，夫莫之命而常自然。"道生万物，而德则养万物。道是指万物自然运行的轨道或者轨迹，德是指人们共同生活及行为的准则和规范，也就是品行、品质。但是当时"道"和"德"并没有连用。"道德"二字连用始于荀子的《劝学》篇："故学至乎《礼》而止矣。夫是之谓道德之极。"

如今的道德是指由一定社会的经济关系所决定的特殊意识形态，是由社会舆论、风俗习惯以及内心信念等所维系的，并能够调整人与人之间、人与社会之间关系的行为规范的总和。

（二）职业道德

职业道德并不完全等同于道德。职业道德是指从业人员在职业活动中应该遵循的行为准则，涵盖了从业人员与职业、从业人员与企业、从业人员与服务对象、从业人员与社会等的关系。

职业道德的含义主要包括以下六个方面：

（1）职业道德是一种职业规范；

（2）职业道德是长期以来自然形成的；

（3）职业道德没有确定的形式，通常体现为观念、习惯、信念等；

（4）职业道德依托于文化、内心信念和习惯，通过员工的自律实现；

（5）职业道德的主要内容是对员工义务的要求；

（6）职业道德标准多元化，不同行业可能具有不同的价值观。

二、家政服务人员的基本职业道德

家政服务行业对于提高家庭生活质量，促进整个社会的经济发展具有重要意义。早在2000年，劳动和社会保障部就正式将“家政服务”确定为一种职业，将从业人员正式定名为家政服务员。而随着社会经济的发展，以及物质生活水平和精神生活要求的提高，人们对于家政服务的要求也日益规范化、专业化、精细化。因此，家政服务工作已经成为一项复杂的、综合的、高要求的服务工作。而家政服务人员的心态、服务意识、学习能力、接受能力、工作经验等都会在一定程度上影响服务质量，因此，家政服务人员要遵守一定的职业道德，更好地规范自己的行为。

根据相关行业规范和社会需求，家政服务人员应当遵循以下几项基本职业道德。

（一）敬业

敬业就是一个人对自己所从事的工作负责的态度。中华民族素有“敬业乐群”“忠于职守”的传统，敬业更是中华民族的传统美德。敬业要求人们在工作中要保持严格遵守职业道德的工作态度。就家政服务行业而言，敬业要求家政服务人员热爱和尊重家政服务的有关工作，保质保量完成自己的工作任务，具体来说包括：热爱自己的行业和工作，并积极面对工作；有责任心，努力工作，在奉献中体现个人价值，并树立良好口碑；遵守合同，按照合同约定内容提供服务，不无故违约，不无故要求换户或不辞而别；尊重敬畏工作，认真完成工作任务。可以说，敬业是家政服务人员职业道德中最基本、最重要的要求。

当然，在服务雇主的过程中，如果出现雇主侵犯家政服务人员的合法权益，或随意变更服务地址、服务工种等情况，家政服务人员也要敢于维护自己的合法权益。无论何种原因，家政服务人员均应先行告知家政企业经营者，不要擅自处理。

思考

1. 有个建筑师准备退休。老板问他是否可以帮忙再建一座房子，建筑师只得答应了。但建筑师的心已不在工作上了，用料也不那么严格，作出的活儿也全无往日水准，这时他的敬业精神已不复存在。老板并没有说什么，只是在房子建好后，把钥匙交给了建筑师。“这是你的房子，”老板说，“是我送给你的礼物。”建筑师一生盖了不知多少好房子，最后却为自己建了这样一座粗制滥造的房子。

2. 时传祥，1915 年 9 月 20 日出生于山东省齐河县一个贫苦农民家庭。1930 年，15 岁的时传祥到北京，受生活所迫当了一名掏粪工。新中国成立后，时传祥加入北京市原崇文区清洁队，他决心用自己的双手，为首都的干净美丽作贡献。他挨家挨户为首都群众掏粪扫污，提出“工作无贵贱，行业无尊卑；宁愿一人脏，换来万人净”的口号。他几乎放弃了节假日休息，有时间就到处走走看看。哪里该掏粪，不用人来找，他总是主动去。他合理计算工时，挖掘潜力，把过去 7 个人一班的大班，改为 5 个人一班的小班，带领全班由过去每人每班背 50 桶增加到 80 桶，他自己则每班背 90 桶，最多每班掏粪背粪达 5 吨。管区内居民享受到了清洁优美的环境，而他背粪的右肩却被磨出了一层厚厚的老茧。2009 年，时传祥入选“100 位新中国成立以来感动中国人物”。

请问：阅读了这两个例子，你有什么感悟呢？

（二）守纪

守纪要求遵纪守法，遵守行业规则。守纪既是对客户的保护和负责，也是对自己、对企业的保护和负责。家政服务人员由于工作性质的特殊性，其工作场所多是客户的家庭空间，因此，对于雇主而言，安全性是第一考虑要素。因此，家政服务人员在工作中要注意遵守以下规则。

1. 要遵守安全规则和工作纪律

首先，遵守家电使用规定，对于不会使用的电器，未经经营者指导和雇主允许不要使用。如果不遵守电器使用规定，违规操作，将有可能引发火灾，造成巨大的人员伤亡以及经济损失。其次，遵守医嘱，如果违反用药规定，或者随意给客户用药，可能给雇主或其家人带来致命的伤害。最后，保护客户隐私，否则可能会激化客户家庭成员之间或者其与邻里之间的矛盾，甚至可能会被有心之人利用，给雇主或其家人带来致命的伤害。除此之外，还有不向雇主借钱或索要财物，未经雇主同意不使用其通信工具和电脑等设备等要求。

阅读材料

陆阿姨经人介绍去雇主家做住家保姆，有一次出来买菜时，碰到别家的保姆王阿姨也在买菜，于是两人就聊了起来。聊天时陆阿姨不经意间透露了男雇主有外遇的事。王阿姨听后，回去吃饭时就对自己的雇主说起了这事，但是没想到两人的女雇主都认识，王阿姨的女雇主便将此事告诉了陆阿姨的女雇主。陆阿姨的女雇主知道此事后，逼问起陆阿姨来，还和自己的老公大吵了起来。原来陆阿姨也是听电话觉得男雇主有外遇，但其实都是误会。但是不久，整个小区的人都听闻了此事，让陆阿姨十分不好意思。

2. 要遵守法律法规

法律法规是人生与职业的"红线"，一旦违反轻则需要承担民事赔偿责任，重则会有牢狱之灾。

阅读材料

"要是他及时把我的工资结清了，我会把这个手机拿回来还他的。"保姆张芸（化名）声称不满雇主欠薪，就偷了雇主一部"不起眼"的翻盖手机。主人报警后，她傻眼了："真没想到那款手机那么贵，值 6 万多元。"当地法院审结这起保姆盗窃雇主手机案，认定保姆张芸的行为构成盗窃罪，一审判处其有期徒刑 10 年，并处罚金 2 万元。

3. 要遵守企业规章制度

家政服务人员应当遵守企业规章制度，服从经营者的管理和正当的工作安排。如果违反企业规章制度，一方面会损害企业的形象和利益，另一方面家政服务人员也会受到相应的惩戒，严重的甚至可能会被企业开除。

法条索引

《中华人民共和国劳动合同法》第 39 条

劳动者有下列情形之一的，用人单位可以解除劳动合同：

（1）在试用期间被证明不符合录用条件的；

（2）严重违反用人单位的规章制度的；

（3）严重失职，营私舞弊，给用人单位造成重大损害的；

（4）劳动者同时与其他用人单位建立劳动关系，对完成本单位的工作任务造成严重影响，或者经用人单位提出，拒不改正的；

（5）因本法第 26 条第 1 款第 1 项规定的情形[①]致使劳动合同无效的；

（6）被依法追究刑事责任的。

---

① 根据《中华人民共和国劳动合同法》第 26 条第 1 款第 1 项的规定，以欺诈、胁迫的手段或者乘人之危，使对方在违背真实意思的情况下订立或者变更劳动合同的，劳动合同无效或者部分无效。

根据法律规定，家政服务人员严重违反企业规章制度的，企业可以解除劳动合同，且不需要支付赔偿。

4. 要遵守技术规范

家政服务人员应当遵守技术规范，根据技术规范要求从事服务。技术规范是质量保障的前提，也是行业技术标准的统一性规定，同时也是从事工作的标准化规定和流程。

（三）诚信

诚信是公民的第二个“身份证”，是每一个人的首要道德标准，也是每一个行业的立业之本。家政服务人员的诚信主要强调两方面：第一，为人处世真诚诚实，即家政服务人员在工作和生活中要实实在在做人，尽心尽力做事。第二，信守承诺，遵守合同，按照双方的约定保质保量按时完成工作。

阅读材料

为贯彻落实《关于促进家政服务业提质扩容的意见》，2019 年商务部办公厅发布了《关于做好“家政服务信用信息平台”启用相关工作的通知》（以下简称《通知》）。《通知》提出，商务部会同相关部门开发建设了家政服务信用信息平台并已完成测试，拟全面启动试运行。同时，对家政服务信用信息平台的具体操作标准进行了详细解释，引导和支持家政服务企业积极参与此项工作。与此同时，政府也建立了规范家政服务领域守信联合激励对象名单和失信联合惩戒对象名单制度，基于全国信用信息共享平台建立联合奖惩系统，对在家政服务过程中存在违法违规和严重失信行为的从业人员实行联合惩戒，以此来解决雇主与家政服务人员之间信任度低、矛盾冲突频发的难题。

完成实名认证并持续保持良好信用记录的从业者，在行业内可以渐渐树立起良好的个人口碑，成为家政圈里的“诚信明星”，获得更多家政企业和雇主的青睐。信用度越高，个人收入水平也就越高。

“今天，我成为青岛市第一批获得‘家政服务诚信卡’的月嫂，这不仅可以让户主更好地了解我，也提高了我服务的含金量。我现在每月的薪酬是 15 000 元。以后我会更加严格地要求自己，诚信服务、诚心待人，更好地服务家庭、服务社会。”2020 年 8 月 12 日，在青岛胶州市妇联举行的巾帼家政提质扩容推进会暨家政从业人员“诚信服务卡”首发仪式上，拿到家政诚信服务卡的“金牌月嫂”范长芬高兴地说。

与此同时，家政服务员录入商务部信用平台后，商务部就家政服务员基本信息与公安部数据库对身份真伪，五年内是否涉及盗窃案、拐卖妇女或儿童案、虐待案、故意杀人案、故意伤害案、强奸案、抢劫案、放火案、爆炸案，是否是重症精神病人，三年内是否有吸毒和贩毒行为等进行比对。人证合一的家政服务员由商务部与公安部提供核查结果信息。即“人证合一”的家政服务员是无犯罪记录的诚信人员。有违法违纪行为和严重失信记录的人员在信用平台有记录后，将被列入黑名单，禁止从事家政服务业。

（四）服务

家政服务工作无大事，但是服务意识就体现在细微之处，只有树立服务意识，才会使自己的服务成为一种自然而然的行为，急雇主之所急，想雇主之所想，最终树立良好的家政服务形象。

阅读材料

“菲佣”是菲律宾的名片。在世界家政行业中，“菲佣”可以算得上一个世界知名品牌。菲佣的足迹遍布全球，被誉为“世界上最专业的保姆”。

菲佣等海外劳工在菲律宾享有很重要的社会地位，菲律宾的各大主要国际机场的出入境海关等都为她们设立了专用通道。自20世纪90年代起，每年圣诞节菲佣归国探亲时，政府都会在首都国际机场为她们铺红地毯，由总统亲自接见其代表。

（五）修养

修养是指言行有度、讲礼貌讲文明。这可以说是家政服务工作的先决条件。家政服务人员的良好修养可以通过以下几方面体现：

首先，尊重雇主，注意礼貌。可以多使用使人感到亲切和富有人情味的礼貌语言，如“请”“您好”“对不起”“谢谢”“打扰您”“麻烦您了”等。

其次，虚心学习，自我成长。不断提升自己的技能，促使自己在工作中更好地成长，既能使雇主满意，也可以使自己得到提升。

再次，仪容仪表注重整洁端庄。仪表美可以给人留下良好的第一印象，衣冠不整、不修边幅，会被认为是作风拖沓，生活懒散，社会责任感不强，难以得到人们的信任。而美观整洁、端庄大方的仪容仪表，能使人产生好感，帮助家政服务人员取得良好的工作效果。

最后，言谈举止真挚大方。“站有站相，坐有坐相”是对一个人行为举止最基本的要求。微笑体现了人与人之间最真诚的相互尊重与亲近，也可以拉近双方的距离，营造温馨的氛围。

本部分小结

学完本部分课程，大家对家政服务人员的职业道德已经有所了解了吗？这和你的工作要求是否一致呢？本部分主要讲述了家政服务人员的基本职业道德，大家在工作中一定要遵守哦！同时，请大家思考以下问题：

1. 如何区分道德与职业道德？

2. 家政服务人员的职业道德有哪些?

3. 你认为家政服务人员最重要的职业道德是什么?

第二节 法律概述

导语

我们已经学习了家政服务人员的职业道德，而法律是最底线的道德，学习法律可以使我们了解基本的权利和义务，同时可以在权益受到侵害时，用法律的武器保护自己。那么，什么是法律呢?我们一起进入今天的学习吧!

案例索引

张某通过某家政公司的介绍，到客户王某家从事保洁工作。在工作中，张某发现王某把金项链放在桌子上，之后王某出去，张某想偷偷将金项链占为己有，但是想到家政公司关于家政服务人员职业道德与法规的培训内容，担心自己偷项链会构成盗窃罪，于是放弃了这个想法。

请问：通过这个案例，你认为法律有什么作用呢?

一、法的概念

“法”字古金文为“灋”。《字源》用溯源法解释了古人构造“灋”字的良苦用心和丰富的想象力：“灋，这字从廌去，以代表判断曲直的法律；又从水，是比喻其平如水，省廌写作法。”《说文解字》释为：“灋，解廌兽也，似牛，一角，古者决讼，令触不直者。”“廌”有三名：一曰獬豸；二曰独角兽；三曰神羊。獬豸是一种能辨曲直的神兽，见到有人相斗，它会用犀利的角触理曲之人；听到有人相争，它会用嘴咬挑起是非的一方。之后为了便于书写和记忆，“廌”字从“灋”中被隐去，简化为“法”。所以，法本身具有公平的要求。

东汉时期的杰出思想家王充在《论衡》中记载了被奉为“中国司法鼻祖”的皋陶用獬豸治狱的传说：獬豸“一角之羊也，性知有罪。皋陶治狱，其罪疑者，令羊触之，有罪则触，无罪则不触……故皋陶敬羊”。皋陶决狱明白，执法公正，遇到曲直难断的情况，便放出独角神羊，依据獬豸是否顶触来判定是否有罪。

而现代意义上的法律是指由国家制定或认可并依靠国家强制力保证实施的，反映由特定社会物质生活条件所决定的统治阶级意志，以权利和义务为内容，以确认、保护和发展对统治阶级有利的社会关系和社会秩序为目的的行为规范体系。

二、法的特征

法的特征，是指法在与相近的社会现象（比如道德、宗教、政策等）相比较的过程中显示出来的特殊征象和标志。法的特征可以概括为规范性、国家意志性、普遍性、权利义务性、国家强制性（含程序性）和可诉性六个方面。

（一）规范性

法的规范性，是指法所具有的规定人们的行为模式、指导人们行为的性质。把握法的规范性必须注意以下三点：

（1）法的调整对象是人的交互行为，而其他社会规范除了调整人的行为外，也调整其他对象，比如道德还对人的思想进行调整。

（2）其他社会规范也具有规范性，故规范性并不是法律所特有的。

（3）法的规范性包含了不特定性和反复适用性，即法的适用对象是不特定的人；法不是仅适用一次，而是在其效力范围内反复适用。

练一练

下列哪些说法是正确的？（　　）

A.《中华人民共和国刑法》的适用对象是特定的人

B. 某县检察院签发的逮捕证的适用对象是不特定的人

C. 某县人民法院针对某案作出的民事判决书仅适用一次

D. 社会公德也具有规范性

【参考答案】CD。《中华人民共和国刑法》作为规范性法律文件，具有规范性，其适用对象是不特定的人，故选项 A 错误。逮捕证、判决书，针对特定的人，且只能适用一次，不具有规范性，故选项 B 错误，而选项 C 正确。社会公德，也属于社会规范，也具有规范性，故选项 D 正确。

（二）国家意志性

法是国家制定或认可的具有特定形式的社会规范，因此法是国家意志的体现。把握法的国家意志性，必须注意以下三点：

（1）法是国家制定或认可的，因此法是自觉的结果，而非自发的结果。

（2）法是国家意志的体现，但并不是说国家意志均体现为法。国家意志也可以以其他形式表现出来，比如国家政策。

（3）法是国家意志的体现，而国家意志是统一的，因此法是一元的。

练一练

下列哪些说法是正确的？（ ）

A. 法不等同于国家意志

B. 法作为国家意志的体现，是一元的

C. 法可以自发形成

D. 国家意志性是法与其他社会规范的区别之一

【参考答案】ABD。国家意志的表现形式是多方面的，可以表现为法，也可以表现为政策等，因此选项 A 应选。国家意志是统一的，因此作为国家意志体现的法也是统一的，是一元的，因此选项 B 应选。法是国家制定或者认可的，是自觉的结果，不是自发的结果，因此选项 C 不应选。其他社会规范一般不是国家制定或者认可的，一般不具有国家意志性，因此选项 D 应选。

（三）普遍性

法的普遍性具有三层含义：一是普遍有效性，即在国家权力所及的范围内，法具有普遍效力或约束力。二是近代以来，法的普遍性也表现为普遍的平等对待性，即要求平等地对待一切人，要求法律面前人人平等。三是普遍一致性，即近代以来的法律虽然与一定的国家紧密联系，具有民族性、地域性，但是，法律的内容始终具有与人类的普遍要求相一致的趋向。法的普遍性主要从第一层含义上理解，对于此种含义的法的普遍性，应注意以下三点：

（1）法的普遍有效性具有以下含义：

1）法的效力对象的不特定性；

2）法的效力的反复适用性；

3）相同的事项和相同的主体适用相同的法律。

（2）法之所以具有普遍性，是因为法具有规范性和国家意志性。法具有规范性，因此法能反复适用；法具有国家意志性，因此法能在国家权力管辖范围内适用。

（3）法具有普遍性，但法的这种普遍性不是绝对和无限的。这也是因为法具有规范性和国家意志性：法的规范性指向的仅是人的行为；法的国家意志性也限制了法的空间适用范围。

练一练

下列哪些属于法的普遍性的含义？（ ）

A. 法的效力对象的广泛性

B. 法的效力的重复性

C. 一切具体的法的效力都是相同的

D. 相同的事项和相同的法律主体适用相同的法律

【参考答案】ABD。具体的法的效力并不是必然相同的，由不同国家机关制定或者认可的法的效力等级和效力范围是存在差别的，因此选项C不应选。

（四）权利义务性

（1）法是以权利义务为内容的社会规范，法是通过设定和运行权利义务的方式来调整人的行为和社会关系的。

（2）通过设定权利义务来调整社会关系是法特有的方式。

（3）法之所以可以通过权利义务来调整社会关系，是因为权利义务具有利导性（利益导向性）。

（五）国家强制性（含程序性）

法的国家强制性，是指法依靠国家强制力保证实施，强迫人们遵守的性质。把握法的国家强制性必须注意以下五点：

（1）其他社会规范也具有强制性，但法具有国家强制性，即具有以国家暴力为后盾的强制力。

（2）正因为法具有国家强制性，因此法是最具外在强制性的社会规范。

（3）法依靠国家强制力保证实施，但国家强制力并不是保证法律实施的唯一力量。在一定程度上，法的实施也要依靠政治、经济、文化等多种社会手段来保证。

（4）国家强制力仅是法律实施的保证力量，并不是说法律实施的任何过程均需要国家强制力的介入。故法的国家强制性具有潜在性和间接性。

（5）法依靠国家强制力保证实施，并不意味着国家强制力可以超越法律，不受法律约束。

国家运用强制力保证法律实施，也必须依法进行，接受法律的约束。而法律包括实体法与程序法两个方面。法律的制定和实施都必须遵守法律程序，法律职业者必须在程序范围内思考、处理和解决问题。这就是所谓的法的程序性。

练一练

下列哪些说法是正确的？（　　）

A. 法是由国家强制力保证实施的

B. 法以外的其他社会规范不具有强制性

C. 法的实施的全过程需要国家强制力的介入

D. 法是最具外在强制性的社会规范

【参考答案】AD。法以外的其他社会规范一般也具有强制性，如道德也具有强制性，但道德的强制力不是来自国家，而是来自社会舆论和个人的内心信念。因此，选项 B 不应选。法的实施依赖国家强制力，但并不是法的实施的全过程都需要国家强制力的介入。在法律得到遵守或虽有一般违法行为，而行为人依法自我纠正的情形下，国家即没有必要运用强制力。因此，选项 C 不应选。

（六）可诉性

法的可诉性，是指法律具有被任何人在法定机构（尤其是法院和仲裁机构）内通过争议解决程序（特别是诉讼程序）加以运用以维护自身权利的可能性。法律的实现方式不单单表现为以国家暴力为后盾，更表现为以一种制度化的争议解决机制为权利人提供保障，通过权利人的行动，启动法律与制度的运行，进而凸显法律的功能。

练一练

下列哪一选项体现了法律的可诉性特征？（　　）

A. 任何组织或者个人都不得有超越宪法和法律的特权

B. 个人或组织认为具体行政行为侵犯其合法权益的，可以依法申请行政复议

C. 国家决定按照“一国两制”的方针，不在澳门实行社会主义的制度和政策

D. 公民对于任何国家机关和国家工作人员，有提出批评和建议的权利

【参考答案】B。法的可诉性表现为可以利用法律来维护自己的权益，解决纠纷。B 选项是利用法律程序来维护自己权益，因此选择 B。

三、法的作用

法的作用，泛指法对社会产生的影响。法的作用与法的本质及目的是密切联系、相互作用的。唯物史观认为：（1）法的作用体现在法与社会的交互影响中。法在由社会所决定的同时，也具有相对的独立性，即能够促进或延缓社会的发展。（2）法的作用直接表现为国家权力的行使。法的作用与国家的地位和作用互为表里。（3）法的作用本质上是社会自身力量的体现。法能否对社会发生作用，法对社会作用的程度，法对社会作用的效果，不是法律自身能够决定的。

（一）法的规范作用与社会作用

1. 二者的区别与联系

（1）二者的区别：形式与内容不同。规范作用是法基于其规范性而对人的行为产生的影响；社会作用是法作为社会关系调整器对社会所产生的影响。

（2）二者的联系：规范作用是社会作用的手段；社会作用则是规范作用的目的。

2. 规范作用的种类

根据法规范的不同对象，即不同的行为，可将规范作用分为指引（对象是每个人自己的行为）、评价（对象是他人的行为）、预测（对象是人们相互的行为）、教育（对象是一般人的行为）和强制（对象是违法犯罪者的行为）五种。这五种规范作用是法律必备的，任何社会的法律都具有。

3. 社会作用的内容

法的社会作用大致包括两个方面：一是政治职能，即维护阶级统治；二是社会职能，即履行社会公共事务。法的社会作用的这两大方面是基本一致的。

练一练

下列关于法的规范作用与社会作用的说法中哪一项是正确的？（　　）

A. 法的规范作用是从法的规范性角度考查的

B. 一切法的社会作用都是相同的

C. 规范作用是社会作用的目的

D. 实现社会作用的前提是法律被颁布

【参考答案】A。法的社会作用依不同的国家类型、不同的国家、同一国家的不同时期而有所差别，因此选项 B 是不应选的；社会作用是规范作用的目的，而不是相反，因此选项 C 不应选；实现社会作用的前提是法律实施，因此选项 D 也不应选。

（二）法的作用的有限性

法在社会生活中具有重要作用。在现代民主法治社会中，法是社会最主要的调整方式。但是法的作用也是有限的，主要体现在以下四个方面：

（1）法律是以社会为基础的，因此，法律不可能超出社会发展需要创造或改变社会；

（2）法律是社会规范之一，必然受到其他社会规范以及社会条件和环境的制约；

（3）法律规制和调整社会关系的范围和深度是有限的，有些社会关系（如人们的情感关系、友谊关系）不适宜由法律来调整，法律就不应涉足其间；

（4）法的作用也受到法律自身条件的制约，如法律语言表达力的局限，在实践活动中法律必须结合其自身特点发挥作用。

练一练

为什么说法律不是万能的，其作用是有限的？（　　）

A. 法律调整外在行为，不干预人的思想观念

B. 法律重视程序，不讲效率

C. 法律强调稳定性，避免灵活性

D. 法律反映客观规律，不体现人的意志

【参考答案】AC。选项 B 的前半部分是正确的，但法重视程序并不与效率相对立。通过程序所保障的正义是法所追求的目标，但法也兼顾效率。法的内容最终是由一定社会的物质生活条件决定的，因此法反映了一定的客观规律，但法也体现了国家意志和阶级意志，因此，选项 D 后半段说不体现人的意志是错误的。综上，选项 B、D 不应选。法律作为社会运动和发展的最重要的稳定和平衡工具，必须在一定时期和一定条件下保持相对稳定性。如果法具有很强的灵活性，就会导致社会生活无章可循，故选项 C 称法律避免灵活性是正确的。

本部分小结

学完本部分课程，大家对什么是法律是否已经有所了解了呢？本部分主要讲述了法的基本概念、法的特征以及法的作用。请大家思考以下问题：

1. 古代法强调了什么？

2. 法的特征有哪些？

3. 法有什么作用？

第三节　公民的基本权利义务

导 语

学习了法律的基本概念和理论后，我们需要对公民的基本权利义务进行了解。基本权利义务是公民最根本、最基础且最为核心的权利义务，也是我们进一步学习法律法规的基础。公民的基本权利义务有哪些呢？我们一起来学习吧！

案例索引

齐某苓与陈某琪均系滕州八中 1990 届应届初中毕业生，陈某琪在 1990 年中专预选考试时成绩不合格，失去了升学考试资格。齐某苓则通过了预选考试，在统考中成绩为 441 分，超过了委培录取的分数线。后来济宁商校发出了录取“齐某苓”为该校 1990 级财会专业委培生的通知书，陈某琪在其父陈某政的操纵下，从滕州八中领取了该通知后即以“齐某苓”的名义进入济宁商校就读。陈某琪从济宁商校毕业后，以“齐某苓”的姓名在中国银行滕州支行工作。齐某苓经过复读，后就读于邹城劳动技校，1996 年 8 月被分配到山东鲁南铁合金总厂工作，自 1998 年 7 月起，有相当长一段时间下岗待业。

请问：你认为齐某苓的什么权利受到了侵害呢？

一、公民基本权利

（一）平等权

1. 平等权的概念

平等权是指公民平等地享有权利，不受任何不合理的差别对待，要求国家同等保护的权利。在现代法治国家中，平等权首先表现为法律面前人人平等原则。

法条索引

《宪法》第 33 条第 2 款　中华人民共和国公民在法律面前一律平等。

2. 平等权的内容

（1）法律面前人人平等。

公民在法律面前一律平等既包括公民在适用法律上一律平等，又包括守法上的平等。此外，法律面前的平等只是法律范围内的平等，而不是事实上的平等。法律规定公民权利能力的平等，同等条件下具有获得相同权利的资格，但不意味着行为能力的绝对平等。

（2）禁止不合理的差别对待。

平等只是一个相对的概念，而非绝对的概念。在社会生活中，由于个人能力、社会环境、文化程度等方面的差别，不同个体之间客观上存在着一定差异，宪法保护的平等权并不禁止也不可能完全禁止差别，它承认并允许一定范围内的合理差别。所谓“合理差别”指的是具有合理理由的差别。平等权的相对性客观上允许合理差别措施的存在。在特定时期内，在一定范围内存在的差别是具有合理性的。在现实生活中，既不能把平等权泛化，也不能把平等理解为平均主义，要正确区分合理差别与不合理差别。

练一练

下列关于公民平等权的说法哪一项是错误的？（　　）

A. 我国妇女享有平等的选举权

B. 少数民族享有平等的受教育权

C. 审判时怀孕的妇女不适用死刑，表明我国公民在法律面前不是人人平等

D. 在我国，任何组织和个人都不享有超越宪法和法律的特权

【参考答案】C。我国公民不分民族、种族、性别、职业、家庭出身、宗教信仰、教育程度、财产状况、居住期限，都一律平等地享有宪法和法律规定的权利，都平等地履行宪法和法律规定的义务。任何人的合法权益都一律平等地受到保护，对违法行为一律依法予以追究。在法律面前，不允许任何公民享有法律以外的特权，任何人不得强迫任何公民承担法律以外的义务，不得使公民受到法律以外的处罚。法律规定审判时怀孕的妇女不适用死刑并不是对平等原则的破坏。故 C 选项错误。

（二）政治权利

1. 政治权利的概念

政治权利，是指公民依据宪法和法律的规定，参与国家政治生活的行为可能性。它表现为两种形式：一种是公民参与国家、社会组织与管理的活动，以选举权和被选举权的行使为基础；另一种是公民在国家政治生活中自由地发表意见、表达意愿的自由，通常表现为言论、出版、集会、结社、游行、示威自由，简称政治自由。

2. 政治权利的内容

（1）选举权和被选举权。

选举权，是指公民依法享有的选举国家权力机关代表和特定国家公职人员的权利。选举权的具体内容包括被依法认可为选民的权利、与其他选民联合提出候选人的权利、投票权、对代表的监督权和罢免权等。被选举权，是指公民依法享有的被选举为国家权力机关代表和特定国家公职人员的权利。选举权和被选举权就是公民依法享有的选举人民代表和被选为各级人民代表或行政领导的权利。

法条索引

《宪法》第 34 条 中华人民共和国年满十八周岁的公民，不分民族、种族、性别、职业、家庭出身、宗教信仰、教育程度、财产状况、居住期限，都有选举权和被选举权；但是依照法律被剥夺政治权利的人除外。

（2）政治自由。

1）言论自由，是指公民对于国家和社会生活中的各种问题，通过语言或文字的形式表达思想和见解的自由。当然，自由是只能做法律所允许的事情的权利，任何自由都必须在法律允许的范围内行使。言论自由同样以不危害国家、社会的利益

和他人合法的权益为原则。

练一练

下列关于言论自由的说法哪一项是不正确的？（　　）

A. 言论自由只包括通过语言的形式表达其思想和见解的自由，不包括通过文字形式表达

B. 公民的言论自由要受到一定程度的限制

C. 公民的言论自由不能损害国家利益

D. 公民在行使言论自由权利的时候不能侵害他人隐私权

【参考答案】A。言论自由是指公民对于国家和社会生活中的各种问题，通过语言或文字的形式表达思想和见解的自由，故 A 选项不正确。

2）出版自由，是指公民通过书籍、报刊、广播、电视等出版物系统，表达思想、意见、愿望、要求的权利。出版自由是言论自由的一种延伸。出版自由不是绝对的、不受限制的。

练一练

下列关于出版自由的说法哪一项是正确的？（　　）

A. 出版自由是公民或社会群体依照法律规定，通过书籍、报刊、广播、电视等出版物系统，表达思想、意见、愿望、要求的权利

B. 出版自由是言论自由的一种延伸

C. 同言论自由一样，出版自由也应受到一定程度的限制

D. 出版自由使得公民获得了盗版任何书籍的权利

【参考答案】D。出版自由不是绝对的、不受限制的。公民在行使出版自由权利的时候要遵守相关的法律法规。盗版书籍侵犯了作者的著作权，应当受到法律的禁止，因此出版自由并不意味着可以任意盗版书籍。

3）结社自由，是指公民为一定的宗旨而组织或者参加某种社会团体的自由。这是言论自由的发展和补充。结社自由包括发起、参与和维护社团的权利。为了维护社会公共利益，在法律规定的范围内国家可以对公民的结社自由采取限制性措施。

4）集会自由，是指公民聚集在一定场所，研究大家共同关心的问题，并发表意见或举行某种活动的自由。

5）游行自由，是指公民持标语、旗帜等标志，在公共道路、露天公共场所列队行进，表示某种庆祝、纪念或抗议、声讨等强烈的共同意愿的自由。

6）示威自由，是指公民聚集在公共道路、露天公共场所，以集会、游行、静坐等方式，表达某种抗议、义愤的情绪，并表示自己的力量和决心的自由。

法条索引

《宪法》第 35 条 中华人民共和国公民有言论、出版、集会、结社、游行、示威的自由。

练一练

下列哪些选项是不正确的？（ ）

A. 被剥夺政治权利的人不再享有选举权

B. 被剥夺政治权利的人不再享有言论自由

C. 被剥夺政治权利的人不再享有宗教信仰自由

D. 被剥夺政治权利的人不再享有受教育权

【参考答案】CD。政治权利包括选举权和被选举权，言论、出版、集会、结社、游行、示威的自由，被剥夺政治权利的人不能享有上述权利。但是政治权利不包括宗教信仰自由和受教育的权利。

（三）人身权利

1. 人身自由不受侵犯

人身自由不受侵犯，是指公民不受非法逮捕、拘禁，不被非法剥夺自由和非法搜查身体的权利。

法条索引

《宪法》第 37 条 中华人民共和国公民的人身自由不受侵犯。

任何公民，非经人民检察院批准或者决定或者人民法院决定，并由公安机关执行，不受逮捕。

禁止非法拘禁和以其他方法非法剥夺或者限制公民的人身自由，禁止非法搜查公民的身体。

2. 人格尊严不受侵犯

公民的人格，就是公民作为人所具有的资格。从法律上讲，人格是指公民作为权利和义务主体的自主的资格。人格权，主要指姓名权、名誉权、荣誉权、肖像权和隐私权等。

法条索引

《宪法》第 38 条 中华人民共和国公民的人格尊严不受侵犯。禁止用任何方法对公民进行侮辱、诽谤和诬告陷害。

练一练

下列关于公民人格尊严的说法中哪一项是不正确的?( )

A. 父母为子女命名后，子女不得更改

B. 公民应当尊重他人的隐私权

C. 法律亦保护公众人物的肖像权

D. 法律规定禁止用任何方法对公民进行侮辱、诽谤和诬告陷害

【参考答案】A。姓名权是指公民有权决定、使用和依法改变自己的姓名，禁止他人干涉、盗用、假冒的权利。法律保护公民的姓名权，意味着子女有权利更改自己的姓名。

3. 住宅不受侵犯

公民的住宅不受侵犯，是指任何机关、团体的工作人员或者其他个人，非经法律许可或未经户主等居住者的同意，不得随意侵入、搜查或者查封公民的住宅。

法条索引

《宪法》第 39 条 中华人民共和国公民的住宅不受侵犯。禁止非法搜查或者非法侵入公民的住宅。

4. 通信自由和通信秘密受法律保护

通信自由，是指公民与其他主体之间传递消息和信息不受国家非法限制的自由。通信秘密，是指公民的通信（包括电报、电传电话、邮件以及电子交换数据等信息传递形式），他人不得隐匿、毁弃、拆阅或者窃听。隐匿或毁弃信件、电报等是侵犯公民通信自由的行为；非法拆阅邮件或窃听公民的电话等通信内容则是侵犯公民的通信秘密的行为。

法条索引

《宪法》第 40 条 中华人民共和国公民的通信自由和通信秘密受法律的保护。除因国家安全或者追查刑事犯罪的需要，由公安机关或者检察机关依照法律规定的程序对通信进行检查外，任何组织或者个人不得以任何理由侵犯公民的通信自由和通信秘密。

练一练

下列哪些机关有权对公民通信进行检查？（　　）

A. 公安机关

B. 各级检察院

C. 各级人民法院

D. 各级政府

【参考答案】AB。根据《宪法》第 40 条的规定，由公安机关或检察机关依照法律程序对通信进行检查，故选择 AB。

（四）宗教信仰自由

宗教信仰自由是指每个公民都有按照自己的意愿信仰宗教的自由。其含义包括：公民有信仰宗教的自由，也有不信仰宗教的自由；有信仰这种宗教的自由，也有信仰那种宗教的自由；在同一宗教里，有信仰这个教派的自由，也有信仰那个教派的自由；有过去不信教而现在信教的自由，也有过去信教而现在不信教的自由；有按宗教信仰参加宗教仪式的自由，也有不参加宗教仪式的自由。

法条索引

《宪法》第 36 条　中华人民共和国公民有宗教信仰自由。

任何国家机关、社会团体和个人不得强制公民信仰宗教或者不信仰宗教，不得歧视信仰宗教的公民和不信仰宗教的公民。

国家保护正常的宗教活动。任何人不得利用宗教进行破坏社会秩序、损害公民身体健康、妨碍国家教育制度的活动。

宗教团体和宗教事务不受外国势力的支配。

练一练

下列哪些选项是我国公民宗教信仰自由的内容？（　　）

A. 公民有信仰宗教的自由，也有不信仰宗教的自由

B. 公民有信仰这种宗教的自由，也有信仰那种宗教的自由

C. 公民在同一宗教里，有信仰这个教派的自由，也有信仰那个教派的自由

D. 有过去不信教而现在信教的自由，也有过去信教而现在不信教的自由

【参考答案】ABCD。公民宗教信仰自由是指每个公民有信仰宗教的自由，也有不信仰宗教的自由；有信仰这种宗教的自由，也有信仰那种宗教的自由；在同一宗教里，有信仰这个教派的自由，也有信仰那个教派的自由；有过去不信教而现在信教的自由，也有过去信教而现在不信教的自由，故 ABCD 正确。

（五）社会经济权利

社会经济权利，是指公民根据宪法规定享有的具有物质经济利益的权利，是公民实现基本权利的物质保障。社会经济权利包括财产权、劳动权、劳动者的休息权以及获得物质帮助权。

1. 财产权

财产权，是指公民对其合法财产享有的不受非法侵犯的所有权。对公民财产权，可以依法限制，但必须基于公共利益，即社会整体利益，体现国家国防、外交等重大的国家利益，既要考虑为公益而采取的国家政策的价值，同时也要考虑社会正义的价值。公共利益不同于团体、社会组织或商业的利益，应进行严格的限定。

法条索引

《宪法》第 13 条 公民的合法的私有财产不受侵犯。

国家依照法律规定保护公民的私有财产权和继承权。

国家为了公共利益的需要，可以依照法律规定对公民的私有财产实行征收或者征用并给予补偿。

练一练

下列关于财产权的说法中哪一项是错误的？（ ）

A. 财产权，是指公民对其合法财产享有的不受非法侵犯的所有权

B. 国家为了公共利益的需要，可以依照法律规定对公民的私有财产实行征收或者征用并给予补偿

C. 对私有财产的保护是资本主义国家法律的内容，我国没有相关规定

D. 对公民财产权的限制必须基于公共利益

【参考答案】C。公民的合法的私有财产不受侵犯。因此，我国法律也规定了对私有财产的保护，C 选项错误。

2. 劳动权

劳动权，是指有劳动能力的公民享有的从事劳动并取得相应报酬的权利。

法条索引

《宪法》第 42 条 中华人民共和国公民有劳动的权利和义务。

国家通过各种途径，创造劳动就业条件，加强劳动保护，改善劳动条件，并在发展生产的基础上，提高劳动报酬和福利待遇。

劳动是一切有劳动能力的公民的光荣职责。国有企业和城乡集体经济组织的劳动者都应当以国家主人翁的态度对待自己的劳动。国家提倡社会主义劳动竞赛，奖励劳动模范和先进工作者。国家提倡公民从事义务劳动。

国家对就业前的公民进行必要的劳动就业训练。

3. 劳动者的休息权

劳动者的休息权，是指劳动者在享受劳动权的过程中，为保护身体健康、提高劳动效率而享有的休息和休养权利。

法条索引

《宪法》第 43 条 中华人民共和国劳动者有休息的权利。

国家发展劳动者休息和休养的设施，规定职工的工作时间和休假制度。

练一练

下列关于劳动权的说法中哪一项是错误的？（　　）

A. 劳动权是指有劳动能力的公民享有的从事劳动并取得相应报酬的权利

B. 劳动既是权利又是义务

C. 劳动者有休息的权利

D. 劳动权和休息权是对立的

【参考答案】D。公民有劳动的权利，同时劳动者又有休息的权利，两者并不对立，故 D 选项错误。

4. 获得物质帮助权

获得物质帮助权，是指公民因失去劳动能力或者暂时失去劳动能力而不能获得必要的物质生活资料时享有的，从国家和社会获得生活保障、享受集体福利的一种权利。主要包括：老年人的获得物质帮助权；患疾病公民的获得物质帮助权；丧失劳动能力的公民的获得物质帮助权；等等。

法条索引

《宪法》第 45 条第 1 款 中华人民共和国公民在年老、疾病或者丧失劳动能力的情况下，有从国家和社会获得物质帮助的权利。国家发展为公民享受这些权利所需要的社会保险、社会救济和医疗卫生事业。

练一练

根据法律规定，我国公民在哪些情况下能获得国家和社会的物质帮助？（　　）

A. 年老的情况下

B. 疾病的情况下

C. 丧失劳动能力的情况下

D. 生育的情况下

【参考答案】ABC。根据《宪法》第45条的规定，我国公民在年老、疾病或者丧失劳动能力的情况下，有从国家和社会获得物质帮助的权利，故选择ABC。

（六）文化教育权利

文化教育权利，是指公民根据宪法规定，在教育和文化领域享有的权利和自由。

1. 受教育权

受教育权，是指公民享有的从国家接受文化教育的机会和获得受教育的物质帮助的权利。受教育权是我国公民所享有的并由国家保障实现的接受教育的权利，是宪法赋予公民的一项基本权利，也是公民享受其他文化教育权利的前提和基础。

法条索引

《宪法》第46条第1款　中华人民共和国公民有受教育的权利和义务。

练一练

下列关于受教育权的说法中哪些选项是正确的？（　　）

A. 受教育权是公民享受其他文化教育权利的前提和基础

B. 受教育权是公民享有的从国家接受文化教育的机会和获得受教育的物质帮助的权利

C. 受教育既是公民的权利也是公民的义务

D. 贫困地区的儿童不能支付相关学习费用，表明我国法律并不保护贫困儿童的受教育权

【参考答案】ABC。受教育权是我国公民所享有的并由国家保障实现的接受教育的权利，是宪法赋予公民的一项基本权利。该规定对我国全体公民有效，D选项说法错误。

2. 文化活动自由

文化活动自由，是指公民在进行科学研究、文学艺术创作和其他文化活动时，有选择活动课题、研究和探索问题、交流文化思想、发表个人文化见解的自由。

法条索引

《宪法》第 47 条 中华人民共和国公民有进行科学研究、文学艺术创作和其他文化活动的自由。国家对于从事教育、科学、技术、文学、艺术和其他文化事业的公民的有益于人民的创造性工作，给以鼓励和帮助。

（七）监督权

监督权，是指公民有监督国家机关及其工作人员的公务活动的权利。监督权主要包括三项内容，即批评、建议权，控告、检举权和申诉权。

1. 批评、建议权

批评权，是指公民有对国家机关和国家工作人员工作中的缺点和错误提出批评意见的权利。建议权，是指公民有对国家机关和国家工作人员的工作提出合理化建议的权利。

2. 控告、检举权

控告权，是指公民对任何国家机关和国家工作人员的违法失职行为，有向有关机关进行揭发和指控的权利。检举权，是指公民对于违法失职的国家机关和国家工作人员，有向有关机关揭发事实，请求依法处理的权利。

3. 申诉权

申诉权，是指公民的合法权益因行政机关或司法机关作出的错误的、违法的决定或裁判，或者因国家工作人员的违法失职行为而受到侵害时，有向有关机关申述理由，要求重新处理的权利。

法条索引

《宪法》第 41 条第 1、2 款 中华人民共和国公民对于任何国家机关和国家工作人员，有提出批评和建议的权利；对于任何国家机关和国家工作人员的违法失职行为，有向有关国家机关提出申诉、控告或者检举的权利，但是不得捏造或者歪曲事实进行诬告陷害。

对于公民的申诉、控告或者检举，有关国家机关必须查清事实，负责处理。任何人不得压制和打击报复。

（八）获得国家赔偿权

获得国家赔偿权，是指公民的合法权益因国家机关或者国家机关工作人员违法行使职权而受到侵害的，公民有要求国家赔偿的权利。

法条索引

《宪法》第 41 条第 3 款　由于国家机关和国家工作人员侵犯公民权利而受到损失的人，有依照法律规定取得赔偿的权利。

练一练

关于获得国家赔偿权，下列哪一项是不正确的？（　　）

A. 获得国家赔偿权是指公民的合法权益因国家机关或者国家机关工作人员违法行使职权而受到侵害的，公民有要求国家赔偿的权利

B. 国家机关工作人员合法行使职权造成公民损害的，公民有权要求国家赔偿

C.《国家赔偿法》使公民的获得国家赔偿权得到了切实的保障

D. 获得国家赔偿权主要由《宪法》第 41 条规定

【参考答案】B。获得国家赔偿权是指公民的合法权益因国家机关或者国家机关工作人员违法行使职权而受到侵害的，公民有要求国家赔偿的权利。公民合法权益因国家机关或者国家机关工作人员合法行使职权的行为受到侵害的，不可以要求补偿。B 选项说法不正确。

（九）特定人的权利

宪法中的“特定人”是指妇女、退休人员、军烈属、母亲、儿童、老人、青少年、华侨等。

法条索引

《宪法》第 44 条　国家依照法律规定实行企业事业组织的职工和国家机关工作人员的退休制度。退休人员的生活受到国家和社会的保障。

第 45 条第 2、3 款　国家和社会保障残废军人的生活，抚恤烈士家属，优待军人家属。

国家和社会帮助安排盲、聋、哑和其他有残疾的公民的劳动、生活和教育。

第 46 条第 2 款　国家培养青年、少年、儿童在品德、智力、体质等方面全面发展。

第 48 条　中华人民共和国妇女在政治的、经济的、文化的、社会的和家庭的生活等各方面享有同男子平等的权利。

国家保护妇女的权利和利益，实行男女同工同酬，培养和选拔妇女干部。

第 49 条第 1 款 婚姻、家庭、母亲和儿童受国家的保护。

第 49 条第 4 款 禁止破坏婚姻自由，禁止虐待老人、妇女和儿童。

第 50 条 中华人民共和国保护华侨的正当的权利和利益，保护归侨和侨眷的合法的权利和利益。

练一练

下列关于妇女权益的说法哪一项是错误的？（ ）

A. 妇女享有与男子同等的选举权

B. 妇女享有受教育的权利

C. 妇女享有劳动的权利

D. 妇女在家庭生活中不能享有与男子平等的权利

【参考答案】D。《宪法》第 48 条第 1 款规定："中华人民共和国妇女在政治的、经济的、文化的、社会的和家庭的生活等各方面享有同男子平等的权利。"D 选项错误，当选。

二、公民基本义务

（一）禁止权利滥用

权利是有界限的，公民在行使自由和权利时不得损害他人的自由和权利。

法条索引

《宪法》第 51 条 中华人民共和国公民在行使自由和权利的时候，不得损害国家的、社会的、集体的利益和其他公民的合法的自由和权利。

（二）维护国家统一和民族团结

维护国家统一的义务，是指公民负有维护国家主权独立和领土完整的义务，是我国公民的最高法律义务。任何人都不得以任何方式分裂国家、接受外国势力支配、割让领土、服从外国势力或要求外国干涉中国内政，必须坚持台湾是中国领土不可分割的一部分的原则，反对外来侵略或危害国家政权统一的行为。

维护民族团结的义务，是指每个公民都有责任维护各民族间的平等、团结和互助关系，同一切破坏民族团结和制造民族分裂的言行作斗争。它与我国多民族的国家结构密切相关。

法条索引

《宪法》第 52 条　中华人民共和国公民有维护国家统一和全国各民族团结的义务。

（三）遵守宪法和法律

遵守宪法和法律，是公民应履行的最根本的义务。在法律完备的法治国家，只要公民守法，也就等于公民履行了宪法和法律规定的其他义务。法治国家必须以公民守法为条件，否则法治就失去了建立的可能。

法条索引

《宪法》第 53 条　中华人民共和国公民必须遵守宪法和法律，保守国家秘密，爱护公共财产，遵守劳动纪律，遵守公共秩序，尊重社会公德。

（四）维护祖国的安全、荣誉和利益

国家的安全，是每一个以中国为祖国的公民生产生活、安居乐业的必要条件，反过来，每个公民也都有义务维护祖国的安全。国家的荣誉，是国家和民族的尊严，每个中国公民都有义务维护国家的荣誉，任何崇洋媚外、丧失人格国格的行为都是不允许的。维护国家的荣誉，也就是维护中国人自己的荣誉。国家的利益最终是人民的利益。维护国家的利益，也就是维护中国人的利益和权利。

法条索引

《宪法》第 54 条　中华人民共和国公民有维护祖国的安全、荣誉和利益的义务，不得有危害祖国的安全、荣誉和利益的行为。

（五）保卫祖国、依法服兵役和参加民兵组织

保卫祖国、抵抗侵略是公民的神圣职责；服兵役和参加民兵组织是公民的光荣义务。

法条索引

《宪法》第 55 条　保卫祖国、抵抗侵略是中华人民共和国每一个公民的神圣职责。

依照法律服兵役和参加民兵组织是中华人民共和国公民的光荣义务。

（六）依法纳税

纳税以公民的自觉性为基础，辅以国家的强制手段。所有依法负有纳税义务的

单位和个人，都必须自觉履行纳税义务；任何偷税、漏税的行为都是违法的，都应承担一定的法律责任。

法条索引

《宪法》第 56 条 中华人民共和国公民有依照法律纳税的义务。

练一练

根据《宪法》的规定，关于公民的纳税义务，下列哪些选项是正确的？（ ）

A. 国家在确定公民纳税义务时，要保证税制科学合理和税收负担公平

B. 要坚持税收法定原则，税收基本制度实行法律保留

C. 纳税义务直接涉及公民个人财产权，宪法纳税义务具有防止国家权力侵犯其财产权的属性

D. 履行纳税义务是公民享有其他权利的前提条件

【参考答案】ABC。选项 A 正确。根据税收法定的原则，是否纳税和纳税多少应考虑社会成员纳税能力的水平，国家在确定公民纳税义务时，要保证税制的科学合理和税收负担的公平；既要保证国家财政需要，又要使纳税人有实际的承受能力。选项 B 正确。“基本经济制度以及财政、税收、海关、金融和外贸的基本制度”属于法律保留事项。选项 C 正确。纳税是一种法律行为，要体现税收法定原则。纳税义务具有双重性：一方面纳税是国家财政的重要来源，具有形成国家财力的属性；另一方面纳税义务具有防止国家权力侵犯其财产权的属性。与纳税义务相对应的国家权力是课税权。由于纳税直接涉及公民个人财产权的保护问题，因此依法治税是保护公民财产权的重要保证。选项 D 错误。在现代社会中，纳税是公民应该履行的一项基本义务。纳税义务的履行，实际上也为纳税人带来相应的权利。从某种意义上说，纳税义务的履行是纳税者享有权利的基础与条件。纳税者有权享受政府提供的各种公共和服务设施，如医疗、教育、社会安全、法律保障、交通等，且有权要求政府积极改善这些条件并提供优质服务。但这并不表示纳税是享有其他权利的前提。

（七）抚养赡养义务

抚养义务主要是父母对未成年子女的抚养和教育义务。

赡养义务是指成年子女在物质和精神上为父母提供必要的生活条件，包括经济上的供养、生活上的照料和精神上的慰藉的义务。

法条索引

《宪法》第49条第3款　父母有抚养教育未成年子女的义务，成年子女有赡养扶助父母的义务。

本部分小结

本部分我们学习了公民的基本权利和义务，相信大家已经对其有了一定的了解。请大家回顾所学知识，回答以下问题：

1. 公民的基本权利包括哪些？

2. 公民的基本义务包括哪些？

第二章

家政职业涉及的人身保护

第一节 未成年人保护法

导语

家政服务中有一项重要工作就是照顾未成年人，所以家政服务员需要了解《未成年人保护法》的相关知识，以更好地为雇主提供服务和帮助。那么《未成年人保护法》涉及哪些内容呢？快和我一起进入今天的课程学习吧！

案例索引

赵女士有一个一岁多的宝宝，由于赵女士和丈夫需要工作，便聘请了张阿姨来照顾孩子。一个月后赵女士发现孩子每天不分昼夜地昏睡，对吃喝也不感兴趣，且皮肤苍白，面无血色。赵女士和丈夫很担心，便带着孩子去了医院，经过检查发现，孩子血液中有安眠药的成分。赵女士当即报了警。派出所接警后高度重视，立即展开调查，最后在宝宝吃的奶粉中查到了安眠药成分，而添加者就是保姆张阿姨。

请问：张阿姨是否违反了《未成年人保护法》呢？

一、《未成年人保护法》概述

（一）《未成年人保护法》的制定和修订

《中华人民共和国未成年人保护法》（以下简称《未成年人保护法》）是为了保护未成年人身心健康，保障未成年人合法权益，促进未成年人德智体美劳全面发展，培养有理想、有道德、有文化、有纪律的社会主义建设者和接班人，培养担当民族复兴大任的时代新人而根据宪法制定的法律。

《未成年人保护法》于 1991 年 9 月 4 日第七届全国人民代表大会常务委员会第二十一次会议通过，并予以颁布。2006 年 12 月 29 日，第十届全国人民代表大会常务委员会第二十五次会议进行了第一次修订；2012 年 10 月 26 日，第十一届全国人民代表大会常务委员会第二十九次会议进行了修正；2020 年 10 月 17 日，第十三届全国人民代表大会常务委员会第二十二次会议进行了第二次修订，自 2021 年 6 月 1 日起施行。修订后的《未成年人保护法》共包括九章，分别为：总则、家庭保护、学校保护、社会保护、网络保护、政府保护、司法保护、法律责任和附则。

（二）未成年人的定义

根据《中华人民共和国民法典》和《未成年人保护法》对未成年人的定义，所谓的未成年人，是指未满 18 周岁的公民。凡是具有中国国籍的自然人，都是我国公民，享有法律规定的权利并承担相应的义务。

对于未成年人的行为能力，《中华人民共和国民法典》第 18 条规定，16 周岁以上的未成年人，以自己的劳动收入为主要生活来源的，视为完全民事行为能力人。第 19 条规定，8 周岁以上的未成年人为限制民事行为能力人。第 20 条规定，不满 8 周岁的未成年人为无民事行为能力人，由其法定代理人代理实施民事法律行为。

（三）未成年人权利概述

根据《未成年人保护法》，国家保障未成年人的生存权、发展权、受保护权、参与权等权利。

（1）生存权是指在一定社会关系中和历史条件下，人们应当享有的维持正常生活所必需的基本条件的权利。它不仅包括人的生命健康、生命安全、基本自由不受侵犯，人格尊严不受凌辱，还包括个人财产不能受到侵犯。对于未成年人而言，生存权主要是指未成年人享有其固有的生命权、健康权和获得基本生活保障的权利。

（2）发展权是指个人、民族和国家积极、自由和有意义地参与政治、经济、社会和文化的发展并公平享有发展所带来的利益的权利。就未成年人而言，发展权主要是指未成年人充分发展其全部体能和智能的权利，包括未成年人接受教育的权利，以及促进其身心全面发展的各种权利。

（3）受保护权是指未成年人不受歧视、虐待和忽视的权利。

（4）参与权是指参与家庭和社会生活的权利，以及就影响其生活的事项发表意见的权利。

同时，未成年人依法平等地享有各项权利，不因本人及其父母或者其他监护人的民族、种族、性别、户籍、职业、宗教信仰、教育程度、家庭状况、身心健康状况等受到歧视。

（四）家政工作中未成年人保护的要求

家政服务员在工作中会接触大量未成年人。在家政工作中，如果涉及未成年人保护的相关内容，一定要坚持最有利于未成年人保护的原则，具体来说应当符合以下要求。

1. 要给予未成年人特殊、优先保护

对于雇主家的未成年人，对其进行照顾和保护，为其提供周到的服务，是家政服务员的工作要求。同时，未成年人相较于成年人而言属于弱势群体，心理和生理都不够成熟，自我认知能力和控制能力也有限，很容易受到伤害和侵犯，所以，不论是在工作还是在家庭生活中，一定要注重未成年人的保护。

2. 要尊重未成年人的人格尊严

对于未成年人，不能进行体罚、变相体罚或者其他侮辱人格尊严的行为。

3. 要保护未成年人的隐私权和个人信息

未成年人虽然一般属于无民事行为能力人或者限制民事行为能力人，但是他们与成年公民一样具有民事权利能力，法律赋予公民的隐私权和个人信息受保护权，未成年人一样享有。任何人不得私自开拆或查看未成年人的信件、日记、电子邮件、网上聊天记录、手机短信等个人信息，不得披露未成年人的个人隐私。

4. 应当适应未成年人身心健康发展的规律和特点

未成年人和成年人不同，从生理方面看，未成年人的身体器官发育尚不成熟，较为脆弱，尤其是处于青春期的未成年人，由于身体发育加速，并渐趋成熟，特别是性成熟导致性差别明确化及性本能出现，身体各器官及功能急剧变化，此时，他们对物质、精神上的渴求极为强烈，成年人应当理解他们由于生理变化而产生的不安与困惑，并加以引导。从心理方面看，未成年人在童年时期对成年人的依恋感、依赖性较强，角色意识、自我中心意识较强；青春期的未成年人心理上渐趋成熟，独立意识产生，对成年人的依赖性减弱，情感色彩强烈，易冲动，此时未成年人的心理矛盾性明显，心理处于较复杂的状态。可以说，未成年人的成长过程就是从不成熟向成熟的过渡期，家政服务人员需要认识到未成年人生理、心理状况的变化，及时对未成年人予以引导和保护。

5. 听取未成年人的意见

未成年人虽然没有发育成熟，但是也具有相应的认知能力，因此要注意听取未成年人的意见，避免武断地替未成年人做决定，否则，一方面会损害未成年人的知情权，另一方面也容易导致未成年人产生叛逆心理。

6. 及时劝阻、制止或者检举、控告侵害未成年人的情形

任何人不论是在工作还是在生活中，发现不利于未成年人身心健康或者侵犯未成年人合法权益的情形，都有权劝阻、制止或者向公安、民政、教育等有关部门提出检举、控告。根据《未成年人保护法》第 11 条第 2 款的规定，家政服务机构及其工作人员，在工作中发现未成年人身心健康受到侵害、疑似受到侵害或者面临其他危险情形的，应当立即向公安、民政、教育等有关部门报告。因此，家政服务人员有必要了解未成年人保护的内容和要求，以利于在工作中履行自己的义务。

二、家庭保护

未成年人家庭保护是我国《未成年人保护法》的重要内容之一。《未成年人保护法》的“家庭保护”部分主要规定了家庭保护的内容以及不履行家庭保护义务应当承担的责任。家庭保护义务包括父母、监护人以及委托人的义务。

未成年人家庭保护的内容主要包括以下十个方面：

（1）父母或者其他监护人应当创造良好、和睦的家庭环境，依法履行对未成年人的监护职责和抚养义务，为未成年人提供生活、健康、安全等方面的保障。同时，禁止对未成年人实施家庭暴力、虐待、遗弃、非法送养；禁止歧视女性未成年

人或者有残疾的未成年人。

（2）父母或者其他监护人应当关注未成年人的生理、心理状况和行为习惯，以健康的思想、良好的品行和适当的方法教育和影响未成年人，引导未成年人进行有益身心健康的活动，预防和制止未成年人的不良行为和违法犯罪行为，并进行合理管教。禁止放任、教唆或者利用未成年人实施违法犯罪行为；禁止放任、唆使未成年人参与邪教、迷信活动或者接受恐怖主义、分裂主义、极端主义等侵害；禁止放任、唆使未成年人吸烟（含电子烟）、饮酒、赌博、流浪乞讨或者欺凌他人。

（3）父母或者其他监护人应当学习家庭教育知识，正确履行监护职责，对未成年人进行安全教育，提高未成年人的自我保护意识和能力，应当及时排除引发触电、烫伤、跌落等伤害的安全隐患；采取配备儿童安全座椅、教育未成年人遵守交通规则等措施，防止未成年人受到交通事故的伤害；提高户外安全保护意识，避免未成年人发生溺水、动物伤害等事故。同时，禁止放任未成年人沉迷网络，接触危害或者可能影响其身心健康的图书、报刊、电影、广播电视节目、音像制品、电子出版物和网络信息等；禁止放任未成年人进入营业性娱乐场所、酒吧、互联网上网服务营业场所等不适宜未成年人活动的场所。

（4）父母或者其他监护人应当尊重未成年人受教育的权利，必须使适龄未成年人依法入学接受并完成义务教育，不得使接受义务教育的未成年人失学、辍学。

（5）父母或者其他监护人应当保障未成年人休息、娱乐和体育锻炼的时间，引导未成年人进行有益身心健康的活动，不得允许或者迫使未成年人从事国家规定以外的劳动。

（6）父母或者其他监护人应当根据未成年人的年龄和智力发展状况，在作出与未成年人权益有关的决定时告知其本人，并听取他们的意见，包括但不限于妥善管理和保护未成年人的财产；依法代理未成年人实施民事法律行为，同时不得违法处分、侵吞未成年人的财产或者利用未成年人牟取不正当利益等。

（7）父母或者其他监护人不得允许或者迫使未成年人结婚，不得为未成年人订立婚约。

（8）父母或者其他监护人发现未成年人身心健康受到侵害、疑似受到侵害或者其他合法权益受到侵犯的，应当及时了解情况并采取保护措施；情况严重的，应当立即向公安、民政、教育等部门报告。

（9）父母离婚时，应当妥善处理未成年子女的抚养、教育、探望、财产等事宜，听取有表达意愿能力未成年人的意见。不得以抢夺、藏匿未成年子女等方式争夺抚养权。未成年人的父母离婚后，不直接抚养未成年子女的一方应当依照协议、人民法院判决或者调解确定的时间和方式，在不影响未成年人学习、生活的情况下探望未成年子女，直接抚养的一方应当配合，但被人民法院依法中止探望权的除外。

（10）父母因外出务工或者其他原因不能履行对未成年人监护职责的，应当委托有监护能力的其他成年人代为监护。需要注意的是，对于未满 16 周岁的未成年人，父母或者其他监护人不得使其脱离监护单独生活，同时对于未满 8 周岁或者由于身体、心理原因需要特别照顾的未成年人，不得使其处于无人看护状态，也不得将其交由无民事行为能力、限制民事行为能力、患有严重传染性疾病或者其他不适宜的人员临时照护。

在确定委托人时，应当综合考虑委托人的道德品质、家庭状况、身心健康状况、与未成年人生活情感上的联系等情况，并听取有表达意愿能力未成年人的意见。同时，具有下列情形之一的，不得作为被委托人：1）曾实施性侵害、虐待、遗弃、拐卖、暴力伤害等违法犯罪行为；2）有吸毒、酗酒、赌博等恶习；3）曾拒不履行或者长期怠于履行监护、照护职责；4）其他不适宜担任被委托人的情形。

三、学校保护

未成年人学校保护，是指学校应当关心、爱护、尊重学生，引导未成年人健康成长，并使之不受到损害。

未成年人学校保护的内容主要包括以下十个方面：

（1）学校应当全面贯彻国家的教育方针，建立未成年学生保护工作制度，健全学生行为规范，实施素质教育，提高教育质量，注重培养未成年学生独立思考能力、创新能力和实践能力，促进未成年学生全面发展。

（2）学校应当尊重未成年学生受教育的权利，不得因家庭、身体、心理、学习能力等情况歧视学生。对尚未完成义务教育的辍学未成年学生进行登记并劝返复学；对家庭困难、身心有障碍的学生，应当提供关爱；对行为异常、学习有困难的学生，应当耐心帮助，不得歧视，不得违反法律和国家规定开除未成年学生。

（3）学校应当根据未成年学生身心发展的特点，对他们进行社会生活指导、心理健康辅导和青春期教育。包括组织未成年学生参加与其年龄相适应的日常生活劳动、生产劳动和服务性劳动，帮助未成年学生掌握必要的劳动知识和技能，养成良好的劳动习惯；开展勤俭节约、反对浪费、珍惜粮食、文明饮食等宣传教育活动，帮助未成年人树立浪费可耻、节约为荣的意识，养成文明健康、绿色环保的生活习惯。

（4）学校应当与未成年学生的父母或者其他监护人互相配合，保证未成年学生的睡眠、娱乐和体育锻炼时间，不得占用国家法定节假日、休息日及寒暑假期，组织义务教育阶段的未成年学生集体补课，加重其学习负担。幼儿园、校外培训机构不得对学龄前未成年人进行小学课程教育。

（5）学校教职员工应当尊重未成年人的人格尊严，不得对未成年人实施体罚、变相体罚或者其他侮辱人格尊严的行为。

（6）学校应当建立安全制度，加强对未成年人的安全教育，完善安保设施、配备安保人员，保障未成年人的人身安全。不得在危及未成年人人身安全、健康的校舍和其他设施、场所中进行教育教学活动。安排未成年人参加文化娱乐、社会实践等集体活动时，应当保护未成年人的身心健康，防止发生人身伤害事故。对于需要使用校车的学校和幼儿园，应当建立健全校车安全管理制度，配备安全管理人员，定期对校车进行安全检查，对校车驾驶人进行安全教育，并向未成年人讲解校车安全乘坐知识，培养未成年人校车安全事故应急处理技能。

（7）学校应当根据需要，制定应对各种灾害、传染性疾病、食物中毒、意外伤害等突发事件的预案，配备相应设施并进行必要的演练，增强未成年人的自我保护意识和能力。

（8）学校不得安排未成年人参加商业性活动，不得向未成年人及其父母或者其他监护人推销或者要求其购买指定的商品和服务。

（9）建立学生欺凌防控工作制度，对教职员工、学生等开展防治学生欺凌的教育和培训，保护未成年学生的身心健康。对学生欺凌行为学校应当立即制止，通知实施欺凌和被欺凌未成年学生的父母或者其他监护人参与欺凌行为的认定和处理；对相关未成年学生及时给予心理辅导、教育和引导；对相关未成年学生的父母或者其他监护人给予必要的家庭教育指导。对实施欺凌的未成年学生，学校应当根据欺凌行为的性质和程度，依法加强管教。对严重的欺凌行为，学校不得隐瞒，应当及时向公安机关、教育行政部门报告，并配合相关部门依法处理。

（10）学校应当建立预防性侵害、性骚扰未成年人工作制度。学校、幼儿园应当对未成年人开展适合其年龄的性教育，提高未成年人防范性侵害、性骚扰的自我保护意识和能力。对遭受性侵害、性骚扰的未成年人，学校、幼儿园应当及时采取相关的保护措施。对性侵害、性骚扰未成年人等违法犯罪行为，学校、幼儿园不得隐瞒，应当及时向公安机关、教育行政部门报告，并配合相关部门依法处理。

四、社会保护

未成年人社会保护是指社会所有组织及公民的一切社会活动，都应从有利于未成年人健康成长的角度出发，不允许任何侵害未成年人身心健康的现象存在。

未成年人社会保护的内容主要包括以下五个方面：

（1）建立和改善适合未成年人文化生活需要的活动场所和设施。爱国主义教育基地、图书馆、青少年宫、儿童活动中心、儿童之家应当对未成年人免费开放；博物馆、纪念馆、科技馆、展览馆、美术馆、文化馆、社区公益性互联网上网服务场所以及影剧院、体育场馆、动物园、植物园、公园等场所，应当按照有关规定对未成年人免费或者优惠开放。

（2）应创作或提供有益于未成年人健康成长的作品，禁止制作、复制、出版、发布、传播含有宣扬淫秽、色情、暴力、邪教、迷信、赌博、引诱自杀、恐怖主义、分裂主义、极端主义等危害未成年人身心健康内容的图书、报刊、电影、广播电视节目、舞台艺术作品、音像制品、电子出版物和网络信息等。任何组织或者个人出版、发布、传播的图书、报刊、电影、广播电视节目、舞台艺术作品、音像制品、电子出版物或者网络信息，包含可能影响未成年人身心健康内容的，应当以显著方式作出提示。

（3）禁止对未成年人实施违法犯罪行为，包括禁止拐卖、绑架、虐待、非法收养未成年人，禁止对未成年人实施性侵害、性骚扰；禁止胁迫、引诱、教唆未成年人参加黑社会性质组织或者从事违法犯罪活动；禁止胁迫、诱骗、利用未成年人乞讨。

（4）除国家另有规定外，任何组织和个人不得招用未满 16 周岁的未成年人，同时，营业性娱乐场所、酒吧、互联网上网服务营业场所等不适宜未成年人活动的场所不得招用已满 16 周岁的未成年人。招用已满 16 周岁未成年人的单位和个人应当执行国家在工种、劳动时间、劳动强度和保护措施等方面的规定，不得安排其从事过重、有毒、有害等危害未成年人身心健康的劳动或者危险作业。

（5）密切接触未成年人的单位招聘工作人员的特殊规定：

密切接触未成年人的单位，是指学校、幼儿园等教育机构；校外培训机构；未成年人救助保护机构、儿童福利机构等未成年人安置、救助机构；婴幼儿照护服务机构、早期教育服务机构；校外托管、临时看护机构；家政服务机构；为未成年人提供医疗服务的医疗机构；其他对未成年人负有教育、培训、监护、救助、看护、医疗等职责的企业事业单位、社会组织等。

密切接触未成年人的单位在招聘工作人员时，应当向公安机关、人民检察院查询应聘者是否具有性侵害、虐待、拐卖、暴力伤害等违法犯罪记录；发现其具有前述行为记录的，不得录用。密切接触未成年人的单位应当每年定期对工作人员是否具有上述违法犯罪记录进行查询。通过查询或者其他方式发现其工作人员具有上述行为的，应当及时解聘。如果密切接触未成年人的单位违反法律规定，未履行查询义务，或者招用、继续聘用具有相关违法犯罪记录人员的，由教育、人力资源和社会保障、市场监督管理等部门按照职责分工责令限期改正，给予警告，并处五万元以下罚款；拒不改正或者造成严重后果的，责令停业整顿或者吊销营业执照、吊销相关许可证，并处五万元以上五十万元以下罚款，对直接负责的主管人员和其他直接责任人员依法给予处分。

思考

2020 年，一位阿姨将在雇主家工作的视频发上了抖音平台，半年更新抖音 300 多条，不仅晒出了雇主家的卫生间，还晒出了雇主家孩子的卧室、孩子弹琴的视频、孩子的新书包等。从部分视频来看，她显然有避开侵犯雇主隐私的意识，在其中两则视频中，她都强调是在获得雇主家孩子同意的情况下拍摄的，拍摄雇主孩子弹钢琴的视频时也没有拍出孩子脸部。还有一个分享孩子吃早餐的视频也特意做了后期贴纸打码处理……

请问：这种行为是否侵害了未成年人的权利呢？为什么？

本部分小结

学完本部分课程，大家对《未成年人保护法》是否有所了解了呢？本部分主要讲述了《未成年人保护法》的基本内容，未成年人保护和家政服务人员的工作、生活都息息相关，大家一定要认真学习。课后大家可以找找生活中的实例，结合实践思考以下问题：

1.《未成年人保护法》的立法目的是什么？

2. 我国《未成年人保护法》保护未成年人的哪些权利？

3. 未成年人的网络保护包括哪些内容？

第二节　妇女权益保障法

导语

《妇女权益保障法》是我国第一部以妇女为主体，全面保护妇女各项合法权益的基本法，女性家政服务员和在工作中需要与女雇主沟通的家政服务员，都应该了解该法律的相关内容，保护自己与雇主的权益。《妇女权益保障法》包含哪些内容呢？我们一起来学习一下吧！

案例索引

家政服务人员陈某（女）与段某某系夫妻关系，段某某常为日常琐事责骂陈某，两人因言语不合即发生争吵，撕扯中互有击打行为。2017 年 5 月 5 日，双方因琐事发生争吵厮打，陈某在遭段某某拳打脚踢后报警。经出警处理，决定给予段某某拘留 10 日，并处罚款 500 元的行政处罚。因段某某扬言要在拘留期满后上门打击报复陈某，并威胁陈某要去她工作的家政公司和雇主家闹事，让陈某丢了工作。

请问：陈某应该如何保护自己的权益呢？

一、妇女权益保障概述

（一）《妇女权益保障法》概述

1992 年，为了保障妇女的合法权益，促进男女平等，充分发挥妇女在社会主义现代化建设中的作用，根据宪法和我国的实际情况，我国制定了第一部保护妇女权益的基本法——《中华人民共和国妇女权益保障法》（以下简称《妇女权益保障法》），这标志着我国的妇女权益保障进入了法制化的新时代，推动男女平等基本国策的落实有了更加有力的制度保证，妇女社会地位的提高有了专门的法律护航。同时，构建了以宪法为依据，以《妇女权益保障法》为主体，以民法、劳动法为支撑的妇女权益保障法律体系。

2005 年 8 月 28 日，第十届全国人民代表大会常务委员会第十七次会议对《妇女权益保障法》进行了第一次修正；2018 年 10 月 26 日，第十三届全国人民代表大会常务委员会第六次会议对《妇女权益保障法》进行了第二次修正。

《妇女权益保障法》明确规定，实行男女平等是国家的基本国策。消除对妇女一切形式的歧视。国家保护妇女依法享有的特殊权益。禁止歧视、虐待、遗弃、残害妇女。

从权利体系来看，妇女享有政治权利、人身权利、财产权益、文化教育权益、婚姻家庭权益以及劳动和社会保障权益，且均应与男子平等。

（二）妇女组织

妇女的合法权益受到侵害的，可以向妇女组织投诉，妇女组织应当维护被侵害妇女的合法权益，有权要求并协助有关部门或者单位查处。有关部门或者单位应当依法查处，并予以答复。受害妇女进行诉讼需要帮助的，妇女组织应当给予支持。

妇女联合会或者相关妇女组织对侵害特定妇女群体利益的行为，可以通过大众传播媒介揭露、批评，并有权要求有关部门依法查处。

二、政治权利

妇女政治权利的保障主要包括以下六个方面：

（1）政治权利是各项权利中最重要、最关键的部分，要想实现真正的男女平等，最核心也是最重要的就是实现权利上的男女平等。根据《妇女权益保障法》，妇女享有与男子平等的政治权利，对于具体的政治权利，可参考第一章第三节的相关内容。

（2）强调对妇女管理国家、社会事务权的保障，主要体现在强调妇女有权通过各种途径和形式，管理国家事务，管理经济和文化事业，管理社会事务。同时，制定法律、法规、规章和公共政策，对涉及妇女权益的重大问题，要求必须听取妇女联合会的意见，并且妇女和妇女组织有权向各级国家机关提出妇女权益保障方面的意见和建议。

（3）注重对妇女选举权和被选举权的保障，不仅强调了妇女享有与男子平等的选举权和被选举权，同时明确规定全国人民代表大会和地方各级人民代表大会的代表中，应当有适当数量的妇女代表。为了进一步保障妇女的政治权利，还明确要求国家应当采取措施，逐步提高全国人民代表大会和地方各级人民代表大会的妇女代表的比例，在居民委员会、村民委员会成员中，妇女也应当有适当的名额。

（4）给予妇女参政权特别保障，主要体现在国家积极培养和选拔女干部。国家机关、社会团体、企业事业单位培养、选拔和任用干部，不仅要坚持男女平等的原则，还必须有适当数量的妇女担任领导成员。同时，国家重视培养和选拔少数民族女干部。

（5）加强妇女联合会在妇女参政中的作用，主要体现在中华全国妇女联合会和地方各级妇女联合会代表妇女积极参与国家和社会事务的民主决策、民主管理和民主监督。同时，各级妇女联合会及其团体会员，可以向国家机关、社会团体、企业事业单位推荐女干部。

（6）为了保障妇女的政治权利不受侵害，明确规定侵犯妇女政治权利所负的法律责任。对于有关侵害妇女权益的申诉、控告和检举，有关部门必须查清事实，负责处理，任何组织或者个人不得压制或者打击报复。

三、文化教育权益

文化教育权益主要包括受教育权和进行科学研究、文学艺术创作和其他文化活动的自由。文化教育权益是宪法赋予公民的基本权利之一，国家保障妇女享有与男子平等的文化教育权益。

妇女文化教育权益的保障主要包括以下五个方面：

（1）妇女在入学、升学、毕业分配、授予学位、派出留学等方面享有与男子平等的权利。适用于男性的条件和标准应当同样适用于女性，除特殊专业外，不得以性别为由拒绝录取女性或者提高对女性的录取标准。

（2）保障适龄女性儿童少年接受义务教育。父母或者其他监护人必须履行使适龄女性儿童少年接受义务教育的义务，除因疾病或者其他特殊情况经当地人民政府批准的以外，对不送适龄女性儿童少年入学的父母或者其他监护人，由当地人民政府予以批评教育，并采取有效措施，责令送适龄女性儿童少年入学。除家庭保障之外，政府、社会、学校也应当采取有效措施，解决适龄女性儿童少年就学存在的实际困难，并创造条件，保证贫困、残疾和流动人口中的适龄女性儿童少年完成义务教育。

（3）保障妇女接受扫盲的权利。凡 15～40 岁的文盲半文盲妇女，除不具备接受扫盲教育能力的以外，均有接受扫盲教育的权利和义务。各级人民政府也应当依照规定把扫除妇女中的文盲、半文盲工作纳入扫盲和扫盲后继续教育规划，并采取符合妇女特点的组织形式和工作方法，帮助妇女脱盲。

（4）保障妇女接受职业教育和实用技术培训的权利。各级人民政府和有关部门应当采取措施，根据城镇和农村妇女的需要，组织妇女接受职业教育和技术培训，包括但不限于就业前培训、在职培训以及对农民和其他劳动者进行的实用技术培训。

（5）保障妇女从事科学、技术、文学、艺术和其他文化活动的权利。对于妇女从事科学、技术、文学、艺术和其他文化活动的权利，国家要给予鼓励和帮助，妇女的著作权、专利权等其他科学技术成果受到法律保护。

四、劳动和社会保障权益

（一）劳动和社会保障权益的基本内容

劳动权，即有劳动能力的公民享有的参与社会劳动和领取相应报酬的权利。劳动权是获得生存权的必要条件，没有劳动权，生存权利也难以得到保障。而社会保障权益则是指个人和家庭在遭受工伤、职业病、失业、疾病和老年时期，可以获得政府和社会的保障，以维持一定的固定收入并获得其他各种补助的权益。

对于劳动权和社会保障权益，妇女和男子平等。女性在家政服务员中占据较大比例，更应当注重对自身劳动权和社会保障权益的保护。具体而言，包括享有平等的就业权、同工同酬、平等的发展权以及特别保护。

（1）平等的就业权，是指单位在录用职工时，除不适合妇女的工种或者岗位外，不得以性别为由拒绝录用妇女或者提高对妇女的录用标准。用人单位在录用女职工时，应当依法与其签订劳动（聘用）合同或者服务协议，劳动（聘用）合同或者服务协议中不得规定限制女职工结婚、生育的内容。除国家另有规定的外，禁止录用未满 16 周岁的女性未成年人。

（2）同工同酬，是指妇女在享受福利待遇方面享有与男子平等的权利。对于女性劳动者，用人单位不能因性别原因，在福利待遇方面差别对待。同时，用人单位不得因结婚、怀孕、产假和哺乳等情形降低女职工的工资。

（3）平等的发展权，是指在晋职、晋级、评定专业技术职务等方面，不得歧视妇女。

（4）特别保护。对于女职工在劳动中因生理特点造成的特殊困难，要给予特别保护。妇女在经期、孕期、产期、哺乳期受特殊保护。同时，用人单位应当依法保护妇女在工作和劳动时的安全和健康，不得安排不适合妇女从事的工作和劳动。

任何单位，不得因结婚、怀孕、产假、哺乳等情形降低女职工的工资、辞退女职工、单方解除劳动（聘用）合同或者服务协议。但是，女职工要求终止劳动（聘用）合同或者服务协议的除外。各单位在执行国家退休制度时，不得以性别为由歧视妇女。

（二）妇女劳动权特别保护

《女职工劳动保护特别规定》对妇女劳动权的特别保护进行了规定，包括女职工禁忌从事的劳动范围，女职工在经期、孕期、哺乳期等禁忌从事的劳动范围，以及女职工怀孕和哺乳期的特别规定。

1. 女职工禁忌从事的劳动范围

禁忌劳动范围一直是女职工劳动保护工作的重点，其规定的目的在于保护女职工身心健康及其子女的正常发育和成长。女职工禁忌从事的劳动范围包括：矿山井下作业；体力劳动强度分级标准中规定的第四级体力劳动强度的作业；每小时负重6次以上、每次负重超过20千克的作业，或者间断负重、每次负重超过25千克的作业。用人单位应当遵守女职工禁忌从事的劳动范围的规定，并将本单位属于女职工禁忌从事的劳动范围的岗位书面告知女职工。

2. 女职工在经期、孕期、哺乳期等禁忌从事的劳动范围

女职工在经期禁忌从事的劳动范围包括：冷水作业分级标准中规定的第二级、第三级、第四级冷水作业；低温作业分级标准中规定的第二级、第三级、第四级低温作业；体力劳动强度分级标准中规定的第三级、第四级体力劳动强度的作业；高处作业分级标准中规定的第三级、第四级高处作业。

女职工在孕期禁忌从事的劳动范围包括：作业场所空气中铅及其化合物、汞及其化合物、苯、镉、铍、砷、氰化物、氮氧化物、一氧化碳、二硫化碳、氯、己内酰胺、氯丁二烯、氯乙烯、环氧乙烷、苯胺、甲醛等有毒物质浓度超过国家职业卫生标准的作业；从事抗癌药物、己烯雌酚生产，接触麻醉剂气体等的作业；非密封源放射性物质的操作，核事故与放射事故的应急处置；高处作业分级标准中规定的高处作业；冷水作业分级标准中规定的冷水作业；低温作业分级标准中规定的低温作业；高温作业分级标准中规定的第三级、第四级的作业；噪声作业分级标准中规定的第三级、第四级的作业；体力劳动强度分级标准中规定的第三级、第四级体力劳动强度的作业；在密闭空间、高压室作业或者潜水作业，伴有强烈振动的作业，或者需要频繁弯腰、攀高、下蹲的作业。

女职工在哺乳期禁忌从事的劳动范围包括：作业场所空气中铅及其化合物、汞及其化合物、苯、镉、铍、砷、氰化物、氮氧化物、一氧化碳、二硫化碳、氯、己内酰胺、氯丁二烯、氯乙烯、环氧乙烷、苯胺、甲醛等有毒物质浓度超过国家职业卫生标准的作业；非密封源放射性物质的操作，核事故与放射事故的应急处置；体力劳动强度分级标准中规定的第三级、第四级体力劳动强度的作业；作业场所空气中锰、氟、溴、甲醇、有机磷化合物、有机氯化合物等有毒物质浓度超过国家职业卫生标准的作业。

3. 女职工怀孕的特别规定

怀孕女职工在劳动时间内进行产前检查，所需时间计入劳动时间。对于怀孕7个月以上的女职工，用人单位不得延长劳动时间或者安排夜班劳动，并应当在劳动时间内安排一定的休息时间。同时，如果女职工在孕期不能适应原劳动的，用人单位应根据医疗机构的证明，予以减轻劳动量或者安排其他能够适应的劳动。

对于产假，从利于女职工身体恢复和母乳喂养的角度出发，法律规定女职工生育享受98天产假，其中产前可以休假15天；难产的，应增加产假15天；生育多

胞胎的，每多生育 1 个婴儿，可增加产假 15 天。女职工怀孕未满 4 个月流产的，享受 15 天产假；怀孕满 4 个月流产的，享受 42 天产假。

4. 女职工哺乳期的特别规定

用人单位应当在每天的劳动时间内为哺乳期女职工安排 1 小时哺乳时间；女职工生育多胞胎的，每多哺乳 1 个婴儿每天增加 1 小时哺乳时间。对哺乳未满 1 周岁婴儿的女职工，用人单位不得延长劳动时间或者安排夜班劳动。

五、财产权益

妇女和男子享有同等的财产权益。在婚姻、家庭共有财产关系中，不得侵害妇女依法享有的权益。

《妇女权益保障法》强调妇女在农村土地承包经营、集体经济组织收益分配、土地征收或者征用补偿费使用以及宅基地使用等方面享有与男子平等的权利。

由于重男轻女等传统观念的影响，部分地区以出嫁、离婚、丧偶等理由剥夺妇女的土地承包权益，或者对男女进行不平等分配，有的地方还存在违反法律规定，一旦男方到女方家落户，全家都享受不到平等的土地承包权益的情形，这使得妇女及其子女难以享有基本的生产资料和生活保障，甚至在土地征收完毕后，丧失了基本的生产生活资料，无法继续生存和发展，进而导致贫困，影响了农村的可持续发展和男女平等国策的落实。因此，法律规定任何组织和个人不得以妇女未婚、结婚、离婚、丧偶等为由，侵害妇女在农村集体经济组织中的各项权益。因结婚男方到女方住所落户的，男方和子女享有与所在地农村集体经济组织成员平等的权益。如果妇女在农村集体经济组织中的各项权益受到侵犯，可以由乡镇人民政府依法调解；受害人也可以依法向农村土地承包仲裁机构申请仲裁，或者向人民法院起诉，人民法院应当依法受理。

同时，妇女享有与男子平等的财产继承权，在同一顺序法定继承人中，不得歧视妇女，丧偶妇女有权处分继承的财产，任何人不得干涉。丧偶妇女对公、婆尽了主要赡养义务的，作为公、婆的第一顺序法定继承人，其继承权不受子女代位继承的影响。

六、婚姻家庭权益

（一）婚姻自主权

妇女具有婚姻自主权，不得干涉妇女的结婚、离婚自由，其内涵包括：禁止包办、买卖婚姻和其他干涉婚姻自由的行为；禁止换亲、转亲；禁止抱养童养媳；禁止干涉丧偶或者离婚的妇女再婚；禁止暴力干涉婚姻自由。

我国实行婚姻自由的原则，但是在女性怀孕期间离婚的，女性享受特殊保护。女方在怀孕期间、分娩后 1 年内或者终止妊娠后 6 个月内，男方不得提出离婚。除非女方提出离婚的，或者人民法院认为确有必要受理男方离婚请求的。

（二）妇女家庭暴力的救济

家庭暴力简称家暴，是指发生在家庭成员之间的，以殴打、捆绑、禁闭、残害或者其他手段对家庭成员从身体、心理、性等方面进行伤害和摧残的行为。家暴不仅限于男性对女性，女性对男性、父母对子女或者对自己的亲兄弟姐妹施暴也是家庭暴力。2015 年，我国第一部反家暴法《中华人民共和国反家庭暴力法》正式通过。

全国妇联和国家统计局 2018 年发布的数据显示，22.9%的女性曾遭受家暴。家庭暴力侵害了受害者的人格尊严和身心健康，甚至威胁生命；同时，也会严重影响子女的正常生活和成长。

妇女在遇到家庭暴力时，一定要积极求助，可以去居住地的居民委员会、村民委员会或者所在单位如实反映情况，这些单位应当采取措施，预防和制止家庭暴力，为受害妇女提供救济。受害人的亲友、邻居、同事知道情况的也可以向上述单位报告情况。同时也可以拨打 110 报警，或者前往辖区内派出所报案。公安机关对正在发生的家庭暴力行为有劝阻制止的义务，也可以依照治安管理处罚法的规定予以行政处罚。目前中国大多数省份都建立了“110 家庭暴力报警中心”，或在派出所、社区警务室挂牌成立了维权投诉站。除此之外，还可以拨打 12338 妇联公益维权电话或者联系当地妇女联合会求助。对于已构成犯罪的家庭暴力行为，受害人可以依刑事诉讼法的有关规定，向人民法院提出自诉；公安机关应当依法侦查，人民检察院应当依法提起公诉。

妇女遭受家庭暴力或者面临家庭暴力的现实危险的，可以向人民法院申请人身安全保护令。人身安全保护令可以包括下列措施：禁止被申请人实施家庭暴力；禁止被申请人骚扰、跟踪、接触申请人及其相关近亲属；责令被申请人迁出申请人住所；保护申请人人身安全的其他措施。

本部分小结

学完本部分课程，大家对《妇女权益保障法》是否有所了解了呢？本部分主要讲述了《妇女权益保障法》的基本内容，妇女权益保障和家政服务员的工作、生活都息息相关，大家一定要认真学习。课后大家可以找找生活中的实例，结合实践思考以下问题：

1. 《妇女权益保障法》的立法目的是什么？
2. 妇女权益包括哪些？
3. 对于面临或遭遇家庭暴力的妇女，应如何救济？

第三节 老年人权益保障法

导 语

《老年人权益保障法》是一部旨在保障老年人合法权益的法律。随着我国进入老龄化时代，越来越多的老年人产生了家政服务的需求，家政服务员不仅要帮助照料老年人的生活，还需要关注老年人的心理健康。因此作为家政服务员，有必要学习《老年人权益保障法》，在工作中注意保护老年人的合法权益。下面就和我一起来学习一下吧。

案例索引

2019 年有网友拍摄视频爆料称，在北京南苑公园内有老人遭保姆虐待。视频中老人坐在轮椅上，脖子被绳子勒着和树捆绑在一起。自称是保姆的陈女士上前解开绳子，称因家中有急事才将老人绑在树上。

请问：陈女士是否违反了《老年人权益保障法》?

一、《老年人权益保障法》概述

《中华人民共和国老年人权益保障法》（以下简称《老年人权益保障法》）是为了保障老年人合法权益，发展老龄事业，弘扬中华民族敬老、养老、助老的美德而制定的。老年人权益保障不仅仅是个人和家庭的问题，还涉及政治、文化、社会等领域，甚至关系到民族兴衰和国家的长治久安。《老年人权益保障法》对于维护老年人合法权益，进而构建和谐稳定的社会关系具有重要意义。

从概念上来说，老年人是指 60 周岁以上的公民。

练一练

1. 制定《老年人权益保障法》的目的是（　　）。

A. 保障老年人合法权益

B. 发展老龄事业

C. 弘扬中华民族敬老、养老、助老的美德

D. 保障老年人依法履行义务

【参考答案】ABC。《老年人权益保障法》第1条规定："为了保障老年人合法权益，发展老龄事业，弘扬中华民族敬老、养老、助老的美德，根据宪法，制定本法。"因此选择ABC。

2. 根据我国《老年人权益保障法》规定，老年人是指年龄在（　　）周岁以上的公民。

A. 45　　B. 50　　C. 55　　D. 60

【参考答案】D。《老年人权益保障法》第2条规定："本法所称老年人是指六十周岁以上的公民。"因此选择D。

二、老年人的权益

根据《老年人权益保障法》的规定，老年人享有九项权益，包括从国家和社会获得物质帮助的权利、享受社会服务和社会优待的权利、继续劳动的权利、获得赡养的权利、婚姻自由的权利、继承的权利、财产所有权、人身受保护的权利和接受继续教育的权利。

（一）从国家和社会获得物质帮助的权利

老年人有从国家和社会获得物质帮助的权利，有享受社会服务和社会优待的权利，有参与社会发展和共享发展成果的权利。具体包括国家帮助和社会帮助两个方面。

国家帮助包括以下八个方面：

（1）国家实行基本养老保险制度，以保障老年人的基本生活。

（2）国家实行基本医疗保险制度，以保障老年人的基本医疗需要。同时，对于享受最低生活保障的老年人和符合条件的低收入家庭中的老年人，其参加新型农村合作医疗和城镇居民基本医疗保险所需个人缴费部分，由政府给予补贴。

（3）国家逐步开展长期护理保障工作，保障老年人的护理需求，对生活长期不能自理、经济困难的老年人，由地方各级人民政府给予护理补贴。

（4）对经济困难的老年人给予基本生活、医疗、居住或者其他救助。

（5）老年人无劳动能力、无生活来源、无赡养人和扶养人，或者赡养人和扶养人无赡养能力或者扶养能力的，由地方各级人民政府依照有关规定给予供养或者救助。

（6）对流浪乞讨、遭受遗弃等生活无着的老年人，由地方各级人民政府依照有关规定给予救助。

（7）实施廉租住房、公共租赁住房等住房保障制度或者进行危旧房屋改造时，对老年人予以优先照顾。

（8）国家建立和完善老年人福利制度，根据经济社会发展水平和老年人的实际需要，增加老年人的社会福利，并根据经济发展以及职工平均工资增长、物价上涨等情况，适时提高养老保障水平。

社会帮助包括以下两个方面：

(1) 慈善组织以及其他组织和个人为老年人提供物质帮助。

(2) 老年人可以与集体经济组织、基层群众性自治组织、养老机构等组织或者个人签订遗赠扶养协议或者其他扶助协议。负有扶养义务的组织或者个人按照遗赠扶养协议，承担该老年人生养死葬的义务，享有受遗赠的权利。

(二) 享受社会服务和社会优待的权利

享受社会服务，主要是指老年人享受由政府或社会组织为满足其基本生活、日常照顾服务、医疗保健等方面的基本需要而提供的各种相关服务的权利。享受社会优待，主要是指老年人享受政治、经济上对其给予的优待的权利。

社会服务主要包括以下十个方面：

(1) 地方各级人民政府和有关部门应当采取措施，发展城乡社区养老服务，鼓励、扶持专业服务机构及其他组织和个人，为居家的老年人提供生活照料、紧急救援、医疗护理、精神慰藉、心理咨询等多种形式的服务。同时，地方各级人民政府应当对经济困难的老年人逐步给予养老服务补贴。

(2) 地方各级人民政府和有关部门、基层群众性自治组织，应当将养老服务设施纳入城乡社区配套设施建设规划，建立适应老年人需要的生活服务、文化体育活动、日间照料、疾病护理与康复等服务设施和网点，就近为老年人提供服务。

(3) 各级人民政府和有关部门在财政、税费、土地、融资等方面采取措施，鼓励、扶持企业事业单位、社会组织或者个人兴办、运营养老、老年人日间照料、老年文化体育活动等设施。

(4) 地方各级人民政府和有关部门应当按照老年人口比例及分布情况，将养老服务设施建设纳入城乡规划和土地利用总体规划，统筹安排养老服务设施建设用地及所需物资。并且，养老服务设施用地，非经法定程序不得改变用途。

(5) 政府投资兴办的养老机构，应当优先保障经济困难的孤寡、失能、高龄等老年人的服务需求。

(6) 国家鼓励养老机构投保责任保险，鼓励保险公司承保责任保险。

(7) 各级人民政府和有关部门应当将老年医疗卫生服务纳入城乡医疗卫生服务规划，将老年人健康管理和常见病预防等纳入国家基本公共卫生服务项目。鼓励为老年人提供保健、护理、临终关怀等服务。

(8) 国家采取措施，加强老年医学的研究和人才培养，提高老年病的预防、治疗、科研水平，促进老年病的早期发现、诊断和治疗。

(9) 国家和社会采取措施，开展各种形式的健康教育，普及老年保健知识，增强老年人自我保健意识。

(10) 国家采取措施，发展老龄产业，将老龄产业列入国家扶持行业目录。扶持和引导企业开发、生产、经营适应老年人需要的用品和提供相关的服务。

社会优待主要包括以下八个方面：

（1）县级以上人民政府及其有关部门应当根据经济社会发展情况和老年人的特殊需要，制定优待老年人的办法，逐步提高优待水平。

（2）各级人民政府和有关部门应当为老年人及时、便利地领取养老金、结算医疗费和享受其他物质帮助提供条件。

（3）各级人民政府和有关部门办理房屋权属关系变更、户口迁移等涉及老年人权益的重大事项时，应当就办理事项是否为老年人的真实意思表示进行询问，并依法优先办理。

（4）老年人因其合法权益受侵害提起诉讼交纳诉讼费确有困难的，可以缓交、减交或者免交；需要获得律师帮助，但无力支付律师费用的，可以获得法律援助。鼓励律师事务所、公证处、基层法律服务所和其他法律服务机构为经济困难的老年人提供免费或者优惠服务。

（5）医疗机构应当为老年人就医提供方便，对老年人就医予以优先。有条件的地方，可以为老年人设立家庭病床，开展巡回医疗、护理、康复、免费体检等服务，并提倡为老年人义诊。

（6）城市公共交通、公路、铁路、水路和航空客运，应当为老年人提供优待和照顾。

（7）博物馆、美术馆、科技馆、纪念馆、公共图书馆、文化馆、影剧院、体育场馆、公园、旅游景点等场所，应当对老年人免费或者优惠开放。

（8）农村老年人不承担兴办公益事业的筹劳义务。

（三）继续劳动的权利

保障老年人继续劳动的权利，主要体现在鼓励和保障老年人发挥自己的价值，参与社会发展。

老年人继续劳动权利的保障主要包括以下五个方面：

（1）国家和社会应当重视、珍惜老年人的知识、技能、经验和优良品德，发挥老年人的专长和作用，保障老年人参与经济、政治、文化和社会生活。

（2）老年人可以通过老年人组织，开展有益身心健康的活动。

（3）在制定法律、法规、规章和公共政策时，涉及老年人权益重大问题的，应当听取老年人和老年人组织的意见。老年人和老年人组织有权向国家机关提出老年人权益保障、老龄事业发展等方面的意见和建议。

（4）国家为老年人参与社会发展创造条件，鼓励老年人对青少年和儿童进行社会主义、爱国主义、集体主义和艰苦奋斗等优良传统教育；传授文化和科技知识；提供咨询服务；依法参与科技开发和应用；依法从事经营和生产活动；参加志愿服务、兴办社会公益事业；参与维护社会治安、协助调解民间纠纷；参加其他社会活动等。

（5）老年人参加劳动的合法收入受法律保护，且不得安排老年人从事危害其身心健康的劳动或者危险作业。

（四）获得赡养的权利

老年人养老，应当以居家为基础，以社区为依托并以机构为支撑。对老年人的赡养，不仅包括对老年人经济上的供养、生活上的照料，还包括精神上的慰藉。赡养人是指老年人的子女以及其他依法负有赡养义务的人。赡养人的配偶应当协助赡养人履行赡养义务。

老年人获得赡养权利的保障具体包括以下九个方面：

（1）赡养人应当使患病的老年人及时得到治疗和护理；对经济困难的老年人，应当提供医疗费用。

（2）对生活不能自理的老年人，赡养人应当承担照料责任；不能亲自照料的，可以按照老年人的意愿委托他人或者养老机构等照料。

（3）赡养人应当妥善安排老年人的住房，不得强迫老年人居住或者迁居条件低劣的房屋。老年人自有的或者承租的住房，子女或者其他亲属不得侵占，不得擅自改变产权关系或者租赁关系。老年人自有的住房，赡养人有维修的义务。

（4）赡养人有义务耕种或者委托他人耕种老年人承包的田地，照管或者委托他人照管老年人的林木和牲畜等，收益归老年人所有。

（5）家庭成员应当关心老年人的精神需求，不得忽视、冷落老年人。与老年人分开居住的家庭成员，应当经常看望或者问候老年人。

（6）赡养人不得以放弃继承权或者其他理由，拒绝履行赡养义务。赡养人不履行赡养义务，老年人有要求赡养人付给赡养费等权利。赡养人不得要求老年人承担力不能及的劳动。

（7）经老年人同意，赡养人之间可以就履行赡养义务签订协议。赡养协议的内容不得违反法律的规定和老年人的意愿。

（8）老年人与配偶有相互扶养的义务。由兄、姐扶养的弟、妹成年后，有负担能力的，对年老无赡养人的兄、姐有扶养的义务。

（9）赡养人、扶养人不履行赡养、扶养义务的，基层群众性自治组织、老年人组织或者赡养人、扶养人所在单位应当督促其履行。

（五）婚姻自由的权利

老年人的婚姻自由受法律保护。子女或者其他亲属不得干涉老年人离婚、再婚及婚后的生活。同时，赡养人的赡养义务不因老年人的婚姻关系变化而消除。

（六）继承的权利

老年人有依法继承父母、配偶、子女或者其他亲属遗产的权利，有接受赠与的权利。子女或者其他亲属不得侵占、抢夺、转移、隐匿或者损毁应当由老年人继承或者接受赠与的财产。老年人以遗嘱处分财产，应当依法为老年配偶保留必要的份额。

（七）财产所有权

老年人对个人的财产，依法享有占有、使用、收益和处分的权利，子女或者其他亲属不得干涉，不得以窃取、骗取、强行索取等方式侵犯老年人的财产权益。

（八）人身受保护的权利

老年人的人身权利，包括生命健康权、隐私权、肖像权等受到法律保护。同时法律特别强调禁止对老年人实施家庭暴力。

（九）接受继续教育的权利

老年人有接受继续教育的权利。为了保障老年人接受继续教育的权利，国家应当发展老年教育，把老年教育纳入终身教育体系，鼓励社会办好各类老年学校，包括老年大学、社区老年学校等。各级人民政府对老年教育应当加强领导，统一规划，加大投入。同时，国家和社会应当采取措施，开展适合老年人的群众性文化、体育、娱乐活动，丰富老年人的精神文化生活。

练一练

1. 老年人的合法权益包括（　　）。

A. 获得家庭赡养与扶养的权利　　B. 获得社会保障的权利

C. 参与社会发展的权利　　D. 受监护权

【参考答案】ABC。《老年人权益保障法》第 3 条第 2 款规定：“老年人有从国家和社会获得物质帮助的权利，有享受社会服务和社会优待的权利，有参与社会发展和共享发展成果的权利。”因此选择 ABC。

2. 国家依法保护老年人的合法权益，禁止（　　）或遗弃老年人。

A. 打骂　　B. 虐待　　C. 侮辱　　D. 歧视

【参考答案】BCD。《老年人权益保障法》第 3 条第 3 款规定：“禁止歧视、侮辱、虐待或者遗弃老年人。”因此选择 BCD。

三、老年人的权益救济

老年人的权益受到侵害时，可以依法寻求保障。《老年人权益保障法》第 73 条明确规定，老年人合法权益受到侵害的，被侵害人或者其代理人有权要求有关部门处理，或者依法向人民法院提起诉讼。人民法院和有关部门，对侵犯老年人合法权益的申诉、控告和检举，应当依法及时受理，不得推诿、拖延。

老年人的权益救济途径具体包括以下四个方面。

（一）国家机关、组织或者其工作人员

不履行保护老年人合法权益职责的部门或者组织，其上级主管部门应当给予批

评教育，责令改正。

国家工作人员违法失职，致使老年人合法权益受到损害的，由其所在单位或者上级机关责令改正，或者依法给予处分；构成犯罪的，依法追究刑事责任。

（二）家庭成员

（1）因赡养、扶养或者住房、财产等发生纠纷的，可以申请人民调解委员会或者其他有关组织进行调解，也可以直接向人民法院提起诉讼。人民调解委员会或者其他有关组织调解上述纠纷时，应当通过说服、疏导等方式化解矛盾和纠纷；对有过错的家庭成员，应当给予批评教育。

人民法院对老年人追索赡养费或者扶养费的申请，可以依法裁定先予执行。

（2）干涉老年人婚姻自由、拒绝履行赡养或者扶养义务、虐待老年人或者实施家庭暴力的，由有关单位给予批评教育；构成违反治安管理行为的，依法给予治安管理处罚；构成犯罪的，依法追究刑事责任。

（3）盗窃、诈骗、抢夺、侵占、勒索、故意损毁老年人财物，构成违反治安管理行为的，依法给予治安管理处罚；构成犯罪的，依法追究刑事责任。

（三）养老机构及其工作人员

养老机构及其工作人员侵害老年人人身和财产权益，或者未按照约定提供服务的，依法承担民事责任；有关主管部门依法给予行政处罚；构成犯罪的，依法追究刑事责任。

对养老机构负有管理和监督职责的部门及其工作人员滥用职权、玩忽职守、徇私舞弊的，对直接负责的主管人员和其他直接责任人员依法给予处分；构成犯罪的，依法追究刑事责任。

（四）其他

侮辱、诽谤老年人，构成违反治安管理行为的，依法给予治安管理处罚；构成犯罪的，依法追究刑事责任。

不按规定履行优待老年人义务的，由有关主管部门责令改正。

涉及老年人的工程不符合国家规定的标准或者无障碍设施所有人、管理人未尽到维护和管理职责的，由有关主管部门责令改正；造成损害的，依法承担民事责任，对有关单位、个人依法给予行政处罚；构成犯罪的，依法追究刑事责任。

本部分小结

在本节课程中大家学习了《老年人权益保障法》，相信对大家今后的工作定能有所助益。下面我们一起来回顾几个问题：

1. 老年人的权益包括哪些？
2. 老年人权益受到侵害时，如何进行救济？
3. 在工作和生活中你是否遇到过侵害老年人合法权益的行为呢？

第三章

家政职业中的财产保护

第一节　民法基本知识概述

导 语

我们已经学习了公民的基本权利义务以及人身权益保护的相关内容，接下来就要学习和家政服务人员的工作、生活息息相关的财产保护的有关内容了。

案例索引

张某为某村村民，2008 年张某结识了邻村在外从事保洁工作的女青年刘某，并结婚。2009 年张某经常感到胃部剧痛，预感自己将不久于人世，遂瞒着家人去公证机关立下一份公证遗嘱：存款 3 万元由姐姐继承，作为对其多年养育之恩的报答，而未到期的果园承包权和家中其他财物由妻子继承。2009 年 12 月，张某因胃痛被刘某送入医院，已是胃癌晚期，一个月后，张某死亡。此时刘某才发现已有四个月的身孕。现村里要收回果园的承包权，双方发生纠纷。

请问：刘某所怀胎儿是否有权参与继承？

一、民法典概述

民法典是指在采用成文法的国家中，用以规范平等主体之间私法关系的法典。民法典以条文的方式，以抽象的规则来规范各式法律行为、身份行为。民法典在国家法律体系中的地位仅次于宪法，是市场经济的基本法、市民生活的基本行为准则、法官裁判民商事案件的基本依据。

2020 年 5 月 28 日，《中华人民共和国民法典》（以下简称《民法典》）由第十三届全国人民代表大会第三次会议表决通过，自 2021 年 1 月 1 日起施行。它是新中国成立以来第一部以法典命名的法律，在我国法律体系中居于基础性地位，也是市场经济的基本法。《民法典》共 7 编、1 260 条，各编依次为总则、物权、合同、人格权、婚姻家庭、继承、侵权责任，最后还包括附则。

二、民法的适用范围

（一）民法对人的适用范围

民法对人的适用范围，是指民法对于哪些人具有法律效力。《民法典》第 12 条规定：中华人民共和国领域内的民事活动，适用中华人民共和国法律。法律另有规定的，依照其规定。即在我国境内的自然人及法人，除法律另有规定的以外，均适用我国《民法典》；我国自然人、法人在国外发生的民事法律关系，一般适用所在地的法律规定，但法律另有规定的除外。

（二）民法在空间上的适用范围

民法在空间上的适用范围，是指民法在哪些地方发生法律效力。我国立法部门和政府制定的民法规范，其适用的空间范围及于我国的领土、领空、领海，包括我国驻外使馆、在我国领域外航行的我国船舶。但是，一些区域民法规范，只能在特定的区域内有效，主要包括以下两种：（1）全国人大及其常委会、国务院制定的法律法规中明确规定只适用于某一地区的，则只在该地区适用，例如全国人大和国务院制定的适用于经济特区的民事法律规范；（2）地方性法规、民族自治地方的民事法规、经济特区的民事法规适用于制定者管辖的行政区域之内。

（三）民法在时间上的适用范围

民法在时间上的适用范围，是指民法的生效时间和失效时间，以及民事法律规范对其生效前发生的民事法律关系有无溯及力。

1. 民法的生效和失效

民法在时间上的适用范围具体见表 3－1。

表 3－1　民法的生效和失效

民法的生效	自民法规范公布之日起生效
	民法规范中指定于公布后经一段时期生效
民法的失效	新法直接规定废除旧法
	旧法的规定与新法规定相抵触的，则抵触部分失效
	国家机关颁布专门的规定宣布某些法律规范失效
	在法院审判中，当某一个案件可以适用两个以上的法律，而法律之间又相互冲突时，应根据新法优于旧法、后法优于前法的原则，以新法、后法为准

2. 民事法律规范的溯及力问题

我国民事法律规范贯彻法律不溯及既往的原则，一般没有溯及力。但司法解释中另有规定的除外。

练一练

我国立法部门和政府制定的民法规范适用的空间范围及于哪些区域？（　　）

A. 我国的领土　　B. 我国驻外使馆

C. 在我国领域外航行的我国船舶　　D. 我国的领空和领海

【参考答案】ABCD。我国立法部门和政府制定的民法规范，其适用的空间范围及于我国的领土、领空、领海，包括我国驻外使馆、在我国领域外航行的我国船舶。据此，ABCD 四项均正确。

三、《民法典》的基本原则

（一）保护民事主体合法权益原则

保护民事主体的合法权益，既是我国民法的宗旨，也是我国民法的基本原则。《民法典》第 3 条规定：民事主体的人身权利、财产权利以及其他合法权益受法律保护，任何组织或个人不得侵犯。

（二）平等原则

《民法典》中的平等，是指主体的身份平等。身份平等是特权的对立物，是指不论其自然条件和社会处境如何，其法律资格亦即权利能力一律平等。《民法典》第 4 条规定：民事主体在民事活动中的法律地位一律平等。

（三）自愿原则

自愿原则的实质，就是在民事活动中当事人的意思自治。即当事人可以根据自己的判断去从事民事活动，国家一般不干预当事人的自由意志，充分尊重当事人的选择。其内容包括自己行为和自己责任两个方面。自己行为，即当事人可以根据自己的意愿决定是否参与民事活动，以及参与的内容、行为方式等；自己责任，即民事主体要对自己参与民事活动所导致的结果承担责任。

（四）公平原则

公平原则，是指在民事活动中以利益均衡作为价值判断标准，即当民事主体之间发生利益关系摩擦时，以权利和义务是否均衡来平衡双方的利益。因此，公平原则是一条法律适用的原则，即当民法规范缺乏规定时，可以根据公平原则来变动当事人之间的权利义务；公平原则又是一条司法原则，即法官的司法判决要做到公平合理，当法律缺乏规定时，应根据公平原则作出合理的判决。

（五）诚信原则

所谓诚信，其本意是要求民事主体按照市场制度的互惠性行事。在缔约时，诚实并不欺不诈；在缔约后，守信用并自觉履行。

（六）守法与公序良俗原则

守法原则要求民事活动从目的、内容到形式、程序和行为都必须符合法律的规定。公序良俗原则，要求民事行为不得违反公共秩序或者善良风俗。

（七）绿色原则

绿色原则，是指民事主体从事民事活动，应当有利于节约资源、保护生态环境。

练一练

下列哪些属于《民法典》的基本原则？（　　）

A. 诚信原则　　B. 平等原则　　C. 公平原则　　D. 绿色原则

【参考答案】ABCD。民法的基本原则包括保护民事主体合法权益原则、平等原则、自愿原则、公平原则、诚信原则、守法与公序良俗原则、绿色原则。因此ABCD均正确。

四、民事法律关系

（一）民事法律关系的概念

民事法律关系是指由民法规范调整的、以权利义务为内容的社会关系，它包括人身关系和财产关系。生活事实层面的社会关系经由民法规范调整后，被赋予权利义务内容，就此转化为法律关系。所以，民事法律关系的形成，是民法使社会关系秩序化的实现过程。

（二）民事法律关系的要素

1. 民事法律关系的主体

民事法律关系的主体，简称民事主体，是指民事法律关系中享受权利、承担义务的参与者、当事人。民事法律关系在什么人之间发生，谁是权利义务的承受者，都涉及民事主体问题。

民事主体参与民事法律关系还取决于其能力，民法将此能力分解为民事权利能力和民事行为能力。民事权利能力，是指能够参加民事活动，享有民事权利和负担民事义务的法律资格。民事行为能力，是指通过自己行为取得民事权利和负担民事义务的资格。

民法承认的民事法律关系的主体主要是自然人和法人。自然人是因出生而获得生命的人类个体，是与法人相对应的概念；法人是法律拟制的“人”，是具有民事权利能力和民事行为能力，依法独立享有民事权利和承担民事义务的组织。国家有时也直接参与民事活动，但基于民事主体的平等性，国家出现在民事活动中时，其身份只是公法人。另外，在一些特定的民事法律关系中，其主体也可以是不具有法人资格的其他社会组织。

2. 民事法律关系的客体

民事法律关系的客体，即民事主体得以结成相互关系的利益对象，主要包括以下四种：

（1）物。民法上的物虽具有物理属性，但与物理学意义上的物不同，它要求有可支配性、存在性和效用性。

（2）行为。作为客体的行为特指能满足债权人利益的行为，通常也称给付。行为主要是债这一民事法律关系的客体，因为债权是请求权，债权人只能就自己的利益请求债务人为给付，如交付物、完成工作，而不能对债务人的物或其他财产直接加以支配。

（3）人身性利益。人身性利益可以成为人身法律关系的客体，但是人只能作为法律关系的主体，而不能成为人身法律关系的客体。

（4）智力成果。智力成果是指依靠人的脑力劳动创造的精神财富，是知识产权的客体，包括文学、艺术、科技作品、发明、实用新型、外观设计以及商标等。知识产权保护的不是智力成果的载体，而是载体上的信息，载体本身属物权保护对象。

3. 民事法律关系的内容

民事法律关系的内容指民事主体之间基于客体所形成的具体联系，即民事权利和民事义务。

练一练

下列哪些属于民事法律关系的客体？（ ）

A. 物 B. 行为 C. 智力成果 D. 人

【参考答案】ABC。因为人身性利益可以成为人身法律关系的客体，但是人只能作为法律关系的主体，而不能成为人身法律关系的客体，故 D 项不当选。

五、民事权利

（一）民事权利的概念

民事权利是指民法赋予民事主体实现其利益所得实施行为的界限。权利在本质上是行为的限度，民事权利是权利人意思自由的范围，在此范围内，有充分的自由，可实施任何行为，法律对此给予充分的保障。反之，行为超出法律划定的界限，不仅得不到保障，反而要被追究责任。

（二）民事权利的类型

民事权利的类型具体见表 3－2。

表 3－2 民事权利的类型

划分标准	分类	含义	子分类
内容	财产权	财产权是以具有经济价值的利益为客体的权利	财产权包括物权、债权、知识产权中的财产权和继承权
	人身权	人身权是以人身之要素为客体的权利。人身权所体现的利益与人的尊严和人际血缘联系有关，故人身权与其主体不可分离	人身权包括人格权和身份权

续表

划分标准	分类	含义	子分类
效力特点	支配权	支配权是对权利客体进行直接的排他性支配并享受其利益的权利	人身权、物权、知识产权中的财产权等属于支配权
	请求权	请求权是特定人得请求特定他人为一定行为或不为一定行为的权利	债权是典型的请求权，物权、人身权、知识产权中的财产权虽为支配权，但在受侵害时，需以请求权作为救济
	形成权	形成权是依权利人单方意思表示就能使权利发生、变更或者消灭的权利	撤销权、解除权、追认权、抵销权等都属形成权
	抗辩权	抗辩权是能够阻止请求权效力的权利。抗辩权主要是针对请求权的，通过行使抗辩权，一方面可以阻止请求权的效力，另一方面可以使权利人拒绝向相对人履行义务	合同中的同时履行抗辩权、不安抗辩权、先诉抗辩权等皆属于抗辩权
效力	绝对权	绝对权是权利效力所及相对人为不特定人的权利。绝对权的义务人是权利人之外的一切人，故又称“对世权”	物权、知识产权、人身权等均属绝对权
	相对权	相对权是权利效力所及相对人仅为特定人的权利。相对权的效力仅仅及于特定的义务人，故又称“对人权”	债权就是典型的相对权
权利的相互地位	主权利和从权利	主权利是不依赖其他权利而能够独立存在的权利，从权利则是以主权利的存在为前提而存在的权利。如在担保中，被担保的债权为主权利，而担保权则是从权利	常见的从权利包括：担保物权、保证债权、利息债权、违约金债权
权利与权利人的联系	专属权	专属权是指专属于特定的民事主体的权利，该权利与主体不能分离，不得转让、继承	人格权、身份权等均属于专属权
	非专属权	非专属权指可以转让、继承的权利	物权、债权等财产权均属于非专属权
权利是否现实取得	既得权	既得权是指已经取得并能享受其利益的权利	一般的民事权利都是既得权
	期待权	期待权是指因法律要件未充分具备而尚未取得的权利	常见的期待权如保险合同受益人的权利、继承人的权利等

练一练

下列关于物权的表述哪一项是错误的？（ ）

A. 物权属于绝对权　　B. 物权属于财产权

C. 物权属于支配权　　D. 物权属于专属权

【参考答案】D。物权是可以转让的，属于非专属权，故D项错误。

（三）民事权利的救济

1. 公力救济

公力救济是权利人通过行使诉权，诉请法院依民事诉讼和强制执行程序保护自己权利的措施。

2. 自力救济

自力救济是指权利主体在法律允许的范围内，依靠自身的力量，通过实施自卫行为或自助行为来救济自己被侵害的权利。

（1）自卫行为：包括正当防卫与紧急避险。

（2）自助行为：指民事主体为保护自己的权利，对他人的人身自由予以拘束或对他人的财产予以扣押或毁损的行为。

六、民事义务

民事义务是指当事人为实现他方的权利而受行为限制的界限。

民事义务依不同标准可划分为各种不同的类型。

（一）法定义务与约定义务

以义务产生的原因为标准，义务可分为法定义务和约定义务。法定义务是直接由民法规范规定的义务，如对物权的不作为义务、对父母的赡养义务等。约定义务是按当事人意思确定的义务，如合同义务等。约定义务以不违反法律的强制性规定为前提，否则法律不予承认。

（二）积极义务与消极义务

以行为方式为标准，义务可分为积极义务与消极义务。以作为的方式履行的义务为积极义务，以不作为方式履行的义务为消极义务。

（三）基本义务与附随义务

在合同关系中，以义务基础为标准，义务可以划分为基本义务和附随义务。

基本义务是根据合同的约定或者法律规定所产生的给付义务。附随义务是在合同履行过程中，为了协助主给付义务的实现，根据合同的性质、目的和交易习惯等履行的通知、协助和保密义务。

七、民事责任

（一）民事责任的概念

民事责任是违反约定或者法定义务所产生的法律效果。狭义的民事责任即指民事义务，广义的民事责任还包括使用强制执行的公力救济。

（二）民事责任的分类

民事责任的分类见表 3－3。

表 3－3　民事责任的分类

划分标准	分类	含义
责任发生的原因与法律要件	合同责任	违反合同义务产生的责任
	侵权责任	因侵犯他人的财产权与人身权产生的责任
	其他责任	合同责任与侵权责任之外的其他民事责任
责任是否以财产方式救济	财产责任	民事责任人以负担财产上的不利后果补偿受害人损害的民事责任
	非财产责任	民事责任人以非财产方式承担预防或消除受害人损害后果的民事责任
债务人对其财产所负债务的责任形态	无限责任	债务人以其全部财产对其债务所负的责任
	有限责任	债务人仅以特定财产为限，对其债务所负的清偿责任
民事责任承担人个数	单独责任	由一人单独承担的民事责任
	共同责任	由两人以上共同承担的民事责任。根据负有共同责任的多数人之间对于责任的关联度，可将共同责任区分为按份责任和连带责任
责任的构成是否以当事人的过错为要件	过错责任	因行为人过错导致他人损害时应承担的责任
	无过错责任	行为人只要给他人造成损害，不问其主观上是否有过错，都应当承担的责任，也称不问过错责任
	公平责任	当事人对造成的损害都无过错，而又不能适用无过错责任，则根据实际情况由当事人分担的责任

练一练

以责任发生的原因与法律要件为标准，民事责任可以划分为：（　　）。

A. 过错责任　　B. 合同责任　　C. 侵权责任　　D. 其他责任

【参考答案】BCD。过错责任属于按照责任的构成是否以当事人的过错为要件划分的责任类型，故 A 项错误。

本部分小结

我们已经学习了民法的相关知识，这些知识是我们学习合同、侵权相关法律知识的基础，也和大家的工作、生活息息相关。请大家回顾相关知识，并回答：

1. 民法的适用范围是怎样的？
2. 什么是民事法律关系？
3. 民事责任有哪些？

第二节　合同法律基础知识

导 语

在民法知识中，与我们的工作、生活最为密切相关的就是合同知识，我们与用人单位需要签订劳动合同，与雇主也需要签订相关的合同，以维护双方的利益。下面就和我一起来学习一下吧。

案例索引

张女士因工作需要去外地一年，为了照顾父亲，她聘请了保姆李阿姨，并与其签订了家政服务合同，约定2018年3月1日至2019年2月28日为家政服务时间。之后，因工作变动，张女士于2018年8月回家，于是与李阿姨解除了家政服务合同，并拒绝支付违约金。

请问：李阿姨应如何维护自己的权益呢？

一、合同概述

（一）合同的概念

民法上的合同有广狭二义。广义上的合同，指以发生民法上的效果为目的的一切协议，包括以直接变动物权为目的的合同，如设定抵押权的合同；以发生债权债务为目的的合同，如租赁合同；以发生身份关系变动为目的的合同，如收养协议。狭义上的合同，仅指债权合同。

《民法典》第464条规定："合同是民事主体之间设立、变更、终止民事法律关系的协议。婚姻、收养、监护等有关身份关系的协议，适用有关该身份关系的法律规定；没有规定的，可以根据其性质参照适用本编规定。"据此可知，我国合同法没有采纳狭义的合同概念，但是，由于明确规定将婚姻、收养、监护等身份关系排除在外，故合同法的内容限制在财产方面的债权债务关系的调整上，和人身有关的协议不适用合同法。

（二）合同的法律性质

合同的法律性质可概括为以下三个方面：

（1）合同是一种民事法律行为。法律行为，意味着由当事人自己设定所希望达到的法律后果，而且在不违反法律强制性规定的情况下，就会按照当事人约定的后果发生，由此和事实行为相区分。

（2）合同是两方或多方当事人意思表示一致的民事法律行为。

（3）合同是以设立、变更、终止民事权利义务关系为目的的民事法律行为。

合同的法律性质决定了合同具有以下三个方面的法律特征：

（1）合同是双方或多方的法律行为，即需要两个或两个以上的当事人互为意思表示（意思表示就是将能够发生民事法律效果的意思表现于外部的行为）；

（2）双方当事人意思表示须达成协议，即意思表示要一致；

（3）合同系以发生、变更、终止民事法律关系为目的。

练一练

下列哪一项不是合同的法律性质？（　　）

A. 合同是一种民事法律行为

B. 合同是两方或多方当事人意思表示一致的民事法律行为

C. 合同是以设立、变更、终止民事权利义务关系为目的的民事法律行为

D. 合同指以发生民法上的效果为目的的一切协议

【参考答案】D。D项描述的是广义上合同的概念，不是合同的法律性质，故错误。

二、合同关系

（一）合同关系的含义

合同关系，是指合同当事人之间的权利和义务关系。作为一种法律关系，它由主体、内容和客体三个方面构成。

合同关系的主体，又称为合同的当事人，包括债权人和债务人。

合同关系的内容，是指债权人的权利和债务人的义务。

合同关系的客体，也称合同的标的，是指合同关系中权利义务所指向的对象，此处的对象称为给付行为。行为可以是作为，也可以是不作为。

（二）合同关系的相对性

合同关系的相对性是指合同项下的权利义务只能赋予当事人或加在当事人身

上，合同只能对合同当事人产生拘束力，而非合同当事人不能诉请强制执行合同。我国《民法典》第593条明确规定，当事人一方因第三人的原因造成违约的，应当依法向对方承担违约责任。当事人一方和第三人之间的纠纷，依照法律规定或者按照约定处理。合同关系的相对性可以从如下三个方面理解。

1. 主体相对

即合同关系只能发生在特定的主体之间，只有合同当事人一方能够向合同的另一方当事人基于合同提出请求或提起诉讼。

2. 内容相对

即除法律、合同另有规定以外，只有合同当事人才能享有合同规定的权利，并承担该合同规定的义务，当事人以外的任何第三人都不能主张合同上的权利，更不负担合同中规定的义务。在双方合同中，还表现为一方的权利就是另一方的义务，权利义务相互对应，互为因果，呈现出“对流状态”，权利人的权利须依赖于义务人履行义务的行为才能实现。

3. 责任相对

违反合同的责任的相对性包含三个方面的内容：第一，违约当事人应对因自己的行为造成的违约后果承担违约责任。第二，在因第三人的行为造成债务不能履行的情况下，债务人仍应向债权人承担违约责任。债务人在承担违约责任后，有权向第三人追偿。第三，债务人只能向债权人承担违约责任。

练一练

下列关于合同关系的表述中哪一项是错误的？（　　）

A. 合同关系的主体在法律上具有平等地位

B. 合同关系是相对性法律关系

C. 合同关系的建立只需要双方当事人意思表示一致

D. 合同关系最能体现私法自治原则

【参考答案】C。民事法律关系作为私法关系，是平等主体之间的权利义务关系，合同关系为民事法律关系之一，自然具有主体的平等性特点，A选项正确。合同关系是特定的债权人与债务人之间的权利义务关系，是相对性法律关系，B选项正确。合同法律关系的建立需要具备两个要素，一是合同法律事实，二是法律对此法律事实的承认，因此当事人的合意虽然是合同关系建立的前提，但是只有得到法律承认才能有效建立合同关系，C选项错误。合同关系的建立以当事人私法自治为原则，合同自由是私法自治最为典型的表现，D选项正确。

三、合同的订立

（一）要约

所谓要约，是指一方当事人以签订合同为目的，向对方当事人提出合同的具体条件，并期待对方当事人接受该条件的意思表示。

要约需要具备以下条件：（1）内容具体确定。只要作为合同要素的内容达到了具体明确的要求，就可以视为要约内容具体明确。（2）要约人的意思表示。表明经受要约人承诺，要约人即受该意思表示约束。

但是需要注意区分要约与要约邀请。要约邀请是希望他人向自己发出要约的表示，如拍卖公告、招标公告、招股说明书、债券募集办法、基金招募说明书、商业广告和宣传、寄送的价目表等。商业广告和宣传的内容符合要约条件的，构成要约。

要约可分为口头形式和书面形式。口头形式是要约人以直接对话或电话等方式向受要约人进行要约。书面形式则是采取交换信函、电报、电传、传真、电子邮件等方式进行要约。除了常规的要约形式，要约还包括商品的标价展示、自动售货机的设置、悬赏广告、特殊商业广告等特殊形式。

要约采取到达主义原则。所谓要约到达受要约人，是要求要约送达受要约人所能控制并应当能了解的地方，如到达受要约人的住所或信箱，都可视为到达。采用数据电文形式订立合同，收件人指定特定系统接收数据电文的，该数据电文进入该特定系统的时间，视为到达时间；未指定特定系统的，该数据电文进入收件人的任何系统的首次时间，视为到达时间。

要约可以撤回，但是为保护受要约人的合法权益，撤回要约的通知应在要约到达受要约人之前或者与要约同时到达受要约人。同时，采用报纸、电视等作出的公众要约或商品标价展示，一经作出，即视为到达受要约人，故不存在撤回的可能，只能由要约人撤销。要约一经撤回，即失去效力。要约撤回后而为的承诺，视为新的要约。

要约的撤销是指要约人在要约生效后，将该项要约取消，使要约的法律效力归于消灭的意思表示。撤销要约的通知应当在受要约人发出承诺通知之前到达受要约人。具有下列情形的，要约不得撤销：（1）要约人确定了承诺期限或以其他形式明示要约不可撤销；（2）受要约人有理由认为要约是不可撤销的，并已经为履行合同作了准备工作。

（二）承诺

承诺是指受要约人作出的同意要约以成立合同的意思表示。

承诺需要具备以下构成要件：（1）承诺由受要约人作出。承诺必须由受要约人作出，受要约人也可以授权其代理人代为承诺。（2）承诺与要约的内容一致。如果受要约人在承诺中对要约的内容加以实质性变更，视为对要约的拒绝而成立反要约。如果受要约人在承诺中对要约的内容加以非实质性变更，除要约人及时表示反对或要约表明承诺不得对要约的内容作出任何变更的外，该承诺有效。（3）承诺是向要约人作出。受要约人承诺的目的在于同要约人订立合同，故承诺只有向要约人或其代理人作出才有意义。在要约人死亡且合同的履行不具有特定人身性质时，受要约人仍可向要约人的继承人作出承诺。（4）在承诺期限内到达要约人。我国对承诺的生效采取到达主义，承诺应当在要约确定的期限内到达要约人。要约以信件或电报作出的，承诺期限自信件载明的日期或电报交发的日期开始计算。信件未载明日期的，自投递该信件的邮戳日期开始计算。要约以电话、传真等快速通信方式作出的，承诺期限自要约到达受要约人时开始计算。承诺的迟到是指承诺在承诺期限届满后或在合理期限过后才到达要约人。

承诺一般应以通知的方式作出，但根据交易习惯或要约表明可以通过行为作出承诺的除外。例外情形下，沉默可以视为意思表示。

承诺的撤回，应先于或与承诺同时到达要约人。

（三）合同成立的时间和地点

1. 合同成立的时间

承诺生效之时，就是合同成立之时。

（1）当事人采用合同书形式订立合同的，双方当事人签字或盖章时合同成立。

（2）当事人采用信件、数据电文等形式订立合同，要求签订确认书的，签订确认书时，合同成立。

2. 合同成立的地点

（1）承诺生效的地点为合同成立的地点。当事人采用合同书形式订立合同的，双方当事人签字或盖章的地点为合同成立的地点。

（2）采用书面形式订立合同，合同约定的签订地与实际签字或者盖章地点不符的，人民法院应当认定约定的签订地为合同签订地；合同没有约定签订地，双方当事人签字或者盖章不在同一地点的，人民法院应当认定最后签字或者盖章的地点为合同签订地。当事人采用合同书形式订立合同的，应当签字或者盖章。当事人在合同书上摁手印的，人民法院应当认定其具有与签字或者盖章同等的法律效力。

（3）采用数据电文形式订立合同的，收件人的主营业地为合同成立的地点；没有主营业地的，其经常居住地为合同成立的地点；当事人另有约定的，按照其约定。

四、合同的履行

（一）合同履行人

1. 债务人

债务人负有履行其债务的义务，同时也有履行债务的权限。债务人可使用履行辅助人履行债务。如果在给付为法律行为的场合，也可由代理人作出。以上都属于债务人的清偿，不属于学理上认为的“第三人清偿”。

2. 第三人

第三人清偿的法律效果如下：(1) 第三人的清偿发生与债务人的履行相同的效果，债权人无正当理由不受领，构成受领迟延；(2) 第三人清偿经债权人受领，并构成有效的第三人清偿，债权消灭；(3) 在第三人的履行为不完全履行、债权人可请求完全履行的情形下，债权人可以拒绝第三人的履行，请求债务人完全履行。

(二) 合同的内容

合同内容的确定方式有以下三种：(1) 合同文本。既然合同内容一般由当事人约定，那么首先就要查看当事人的具体约定，即合同文本。(2) 补充协议。如当事人就某些内容未达成合意，构成合同漏洞，则可通过当事人补充协议方式将真实合意明确。(3) 交易习惯补充、法律的任意性规定补充。如果当事人无法就合同漏洞达成补充协议，则可以以交易习惯补充或法律的任意性规定补充。

合同内容即合同权利义务，而合同义务即给付义务（见表 3-4）。给付，即合同标的，指债的关系上特定人之间可以请求对方为或不为特定行为，包括作为和不作为。

表 3-4　合同义务

发生时间	合同义务	分类	举例说明
先	先合同义务	通知、告知、保密、照顾等	缔约过失责任
中	合同义务（给付义务）	主给付义务	决定合同性质
		从给付义务	买空调约定卖方安装
后	后合同义务	协助、保密等	损害赔偿责任
全	附随义务	通知、协助、保密等	非自始确定，基于诚信产生

(三) 合同的履行地点、期限和费用

1. 履行地点

履行地点的确定规则有以下三种：(1) 合同约定的履行地点。合同生效后，当事人就履行地点没有约定或约定不明确的，可以协议补充，不能达成协议的，按照合同条款确定。(2) 交易习惯确定的履行地点。(3) 法律规定的履行地点。如合同没有约定且当事人之间没有达成补充协议，也不能依据交易习惯确定的，可根据《民法典》第 511 条第 3 项规定来确定，即“履行地点不明确，给付货币的，在接受货币一方所在地履行；交付不动产的，在不动产所在地履行；其他标的，在履行义务一方所在地履行”。

2. 履行期限

（1）履行期限的确定规则有以下四种：1）合同约定的履行期限；2）交易习惯确定的履行期限；3）履行期限不明确的，债务人可以随时履行，债权人也可以随时请求履行，但是应当给对方必要的准备时间；4）法律的特别规定。

（2）履行期限的法律效力。

1）期限利益及其效力。期限利益，是指当事人因期限的存在而享受的利益。期限利益的效力如下：第一，为债务人利益的履行期限，债权人不得随意请求履行，但债务人可以放弃期限利益，在履行期限前履行。第二，为债权人利益的履行期限，债务人一般不得强求债权人于期前受领给付，但债权人可在履行期限前请求债务人履行。第三，为双方利益的履行期限，债务人无权强求债权人期前受领，债权人无权请求债务人期前履行。

2）履行期限届满，债务人依债务本旨提供了履行，而债权人拒绝受领或不能受领的，自该时起，债权人应负受领迟延的责任。

3. 履行费用

（1）履行费用的负担。

1）负担确定的情形：履行费用负担问题已由法律规定或由当事人特别约定的，按法律或当事人约定负担。

2）负担不确定的情形：如履行费用的负担不确定时，双方当事人可以协议补充。不能达成补充协议的，按有关条款或交易习惯确定。如仍不能确定的，则依照《民法典》第 511 条第 6 项的规定，由履行义务一方负担。

（2）增加的履行费用。

1）因债权人的原因增加的费用：因债权人的事由增加的履行费用不应由债务人承担，而应由债权人负担。

2）因债务人的原因增加的费用：

A. 提前履行：债务人提前履行债务给债权人增加的费用，由债务人负担；

B. 部分履行：债务人部分履行债务给债权人增加的费用，由债务人负担。

（四）合同履行的受领与拒绝

1. 合同法上的受领

从法律上讲，受领特指认为债务人所提供的履行符合要求，因此可以发生清偿的法律后果，使债务人的债务最终归于消灭。

2. 合同法上的拒绝

（1）拒绝受领权的行使：拒绝受领权的行使以明示的意思表示进行。

（2）拒绝受领权的限制：1）标的物不符合质量要求时，只有“致使不能实现合同目的的”才可以拒绝受领。2）提前履行或部分履行，如果没有损害债权人利益，则不可以拒绝受领。

五、违约责任

（一）违约责任概述

1. 违约责任的概念

违约责任指违约人因其违约行为而应承担的一种不利的法律后果。

（1）违约行为的概念。

违约行为指违反合同债务的行为，这里的合同债务既包括当事人在合同中约定的义务，也包括法律直接规定的义务，还包括根据法律原则和精神的要求，当事人应承担的义务。

（2）违约行为的主体。

违约行为的主体通常是债务人，但在受领迟延场合，违约行为的主体是债权人。当事人一方因第三人的原因造成违约的，应当向对方承担违约责任。当事人一方和第三人之间的纠纷，依照法律规定或按照约定解决。

（3）违约行为的免责。

我国《民法典》合同编实行严格责任原则，原则上不考虑违约人是否具有归责事由，也即债务人原则上是不能通过举证自己没有过失主张责任不能成立的。通常只有在具备法定的免责事由时才可以免责。该法定事由就是不可抗力。

2. 违约责任的归责原则

（1）主要为严格责任原则。

《民法典》第577条规定："当事人一方不履行合同义务或者履行合同义务不符合约定的，应当承担继续履行、采取补救措施或者赔偿损失等违约责任。"该条并未规定"但当事人能够证明自己没有过错的除外"，也即合同编原则上采取的是严格责任原则（无过错责任原则）。

（2）以过错责任原则为补充。

虽然《民法典》合同编以严格责任原则为主，但基于调整对象的特殊性，也规定在部分合同中实施过错责任原则，主要有供电合同、赠与合同、租赁合同、加工承揽合同、委托合同。

（二）强制履行

1. 强制履行的概念

强制履行指在违约方不履行合同时，由法院强制违约方继续履行合同债务的违约责任方式。

2. 强制履行的构成要件

（1）存在违约行为。

就违约形态而言，通常是迟延履行、不完全履行以及拒绝履行。若履行不能，则不发生强制履行责任。

（2）应有守约方请求违约方继续履行合同债务的行为。

如果守约方不请求违约方继续履行，而是将合同解除，则不可能成立强制履行责任。

（3）应是违约方能够继续履行合同。

如果合同已经履行不能，则不应再有强制履行责任的发生。

3. 强制履行的形态

（1）限期履行应履行的债务。

在拒绝履行、迟延履行、不完全履行的情况下，守约方可以提出一个新的履行期限，要求违约方在该履行期限内履行合同债务。

（2）修理、更换、重作。

如果债务人交付的标的物不合格或提供的工作成果不合格，而债权人仍需要的，则可以适用修理、重作或更换的规定。

1）修理，是指交付的标的物不合格，有修理可能并为债权人需要时，债务人消除标的物的缺陷的补救措施。

2）更换，是指交付的合同标的物不合格，无修理可能，或者修理所需要的费用过高，或者修理所需要的时间过长，债务人交付同种同质的标的物的补救措施。

3）重作，是指在承揽、建设工程等合同中，债务人交付的工作成果不合格，不能修理或修理费用过高，由债务人重新制作工作成果的补救措施。

4. 不能强制履行的情形

对于非金钱债务，下列情形不适用强制履行：

（1）不能履行。

所谓不能履行，包括法律上的不能和事实上的不能，不管是哪种不能都使合同因失去标的而必须消灭，从而无法强制履行。

（2）债务标的不适于强制履行或履行费用过高。

1）不适于强制履行的债务标的，指债务的性质不适宜强制履行。例如，演出合同、技术开发合同、著作出版合同、委托合同等。这些合同均具有人身专属性，不能够由其他人代替履行。

2）履行费用过高，指标的物要强制履行，代价太大。例如：为完成加工合同专门进口设备，花的代价远超依合同应获得的利益。

（3）债权人在合理期限内未要求履行。此规定的立法目的在于，督促债权人及时主张权利，行使其履行请求权。

（三）赔偿损失

1. 赔偿损失的概念

赔偿损失是指债务人不履行合同债务时，依法赔偿债权人所受损失的责任。我国《民法典》合同编中的赔偿损失是指金钱赔偿。

2. 违约损害赔偿的分类

(1) 约定赔偿、一般法定赔偿和特别法定赔偿。

1) 约定赔偿，是指依当事人意思而定的损害赔偿。

2) 一般法定赔偿，指依据法律规定而定的损害赔偿。

3) 特别法定赔偿，指基于特殊立法政策而特别规定的损害赔偿。

(2) 迟延赔偿与填补赔偿。

1) 迟延赔偿发生在履行迟延场合，是与本来的给付一并请求的损害赔偿。

2) 填补赔偿是代替本来给付的损害赔偿。

(四) 违约金

1. 违约金的概念

违约金是指由当事人约定或法定的，在一方当事人不履行或不完全履行合同时向另一方当事人支付的金钱或其他给付。对于违约金的概念，要注意以下三个方面：

(1) 违约金的客体是金钱或其他给付；

(2) 违约金应在违约时支付；

(3) 违约金合同为诺成合同。

2. 违约金的种类

(1) 惩罚性违约金和赔偿性违约金。

1) 惩罚性违约金。

惩罚性违约金是当事人对违约所约定的一种私的制裁。约定了该违约金的，在违约时，债务人除支付违约金外，其他因债的关系所应负的一切责任，均不受影响，债权人除可请求违约金外，还可请求债务不履行所生的损害赔偿。

由于合同法奉行自愿原则，因此当事人可明确约定惩罚性违约金。

2) 赔偿性违约金。

赔偿性违约金是指当事人双方预先估计的损害赔偿总额，又叫损害赔偿额的预定。预先约定损害赔偿金或其计算方法，一方面可以激励债务人履行债务；另一方面如发生违约，则其责任承担简单明了。该违约金就相当于履行的替代，请求该违约金之后，便不能再请求债务履行或不履行的损害赔偿。

(2) 约定违约金与法定违约金。

1) 约定违约金，是指由当事人在合同中约定的违约金。

2) 法定违约金，是指由法律法规直接规定固定比率或数额的违约金。

3. 违约金责任的成立

(1) 违约金属于一种从债务，违约金责任成立的前提是存在有效的合同关系。

【提示】在因违约而解除合同的场合，合同中的违约金条款仍可援用。这类条款在性质上属于“合同中结算和清算条款”，不因合同的权利义务终止而影响其效力。

(2) 违约金责任成立，应有违约行为的存在。

4. 违约金与定金

《民法典》第588条第1款规定："当事人既约定违约金，又约定定金的，一方违约时，对方可以选择适用违约金或者定金条款。"由此可知，违约金与定金，两者不可并用，只能择一适用。

六、典型合同

（一）买卖合同

1. 买卖合同的概念

买卖合同，是指出卖人转移标的物的所有权于买受人，买受人支付价款的合同。其中，依约定应交付标的物并转移标的物所有权的一方称为出卖人，应支付价款的一方称为买受人。买卖合同是双务合同、有偿合同、不要式合同。

2. 买卖合同的主体

（1）买受人：买受人须具备相应的民事行为能力，除此以外，对其并无特别要求。

（2）出卖人：出卖人除须具备相应的民事行为能力之外，还应当是买卖合同标的物的所有权人或有处分权人。

3. 买卖合同的标的物

买卖合同的标的物，应认定为实物。

（1）合同的标的物可以是现实存在的物，也可以是将来产生的物；可以是特定物，也可以是不特定物。

（2）合同的标的物如是禁止流通物，该买卖合同应认定为无效合同。

（3）合同的标的物如是限制流通物，对于买卖合同的效力应加以区别：1）如果合同的双方当事人无取得该标的物经营资格可能的，该买卖合同就认定为不生效的合同；2）如果合同的双方当事人可以经由审批手续取得标的物的经营资格的，则将其认定为尚未生效的合同，合同当事人有义务去办理审批手续，促成买卖合同的完全生效。

4. 出卖人的合同义务

（1）交付标的物。在买卖合同中，出卖人应将买卖合同的标的物交付买受人。在传统民法上，交付标的物可分为现实交付和观念交付。

（2）交付标的物的时间、地点、数量。

1）合同约定交付期间的，出卖人可以在该交付期间内的任何时间交付，但应当在交付前通知买受人；

2）出卖人应当按照约定的地点交付标的物；

3）出卖人应当按照约定的数量交付标的物。

（3）转移所有权。标的物的所有权从标的物交付时起转移，但法律另有规定或者当事人另有约定的除外。

（4）瑕疵担保。出卖人的瑕疵担保义务分为物的瑕疵担保义务和权利的瑕疵担保义务。

1）物的瑕疵担保义务。出卖人应当按照约定的质量要求交付标的物。出卖人提供有关标的物质量说明的，交付的标的物应当符合该说明的质量要求。这一义务称为物的瑕疵担保义务。

2）权利的瑕疵担保义务。出卖人就交付的标的物，除非法律另有规定，负有保证第三人不得向买受人主张任何权利的义务。这一义务称为权利的瑕疵担保义务。

（5）交付有关单证和资料。

5. 买受人的义务

（1）支付价款的义务。买受人在出卖人违约的情况下，有拒绝支付价款、请求减少价款、请求返还价款的权利。

（2）受领标的物的义务。买受人有依照合同约定或者交易惯例受领标的物的义务，对于出卖人不按合同约定条件交付标的物的，例如多交付、提前交付、交付的标的物有瑕疵等，买受人有权拒绝接受。

（3）及时检验出卖人交付的标的物。买受人收到标的物时，有及时检验义务：1）当事人约定检验期间的，买受人应当在约定检验期间内，将标的物的数量或质量不符合约定的情形通知出卖人，买受人怠于通知的，视为标的物的数量或质量符合约定。2）当事人没有约定检验期间的，买受人应当在发现或者应当发现标的物数量或质量不符合约定的合理期间内通知出卖人。3）买受人在合理期间内未通知或者自标的物收到之日起 2 年内未通知出卖人的，视为标的物数量或质量符合约定。4）标的物有质量保证期的，适用质量保证期，不适用该 2 年的规定。

（4）暂时保管及应急处置拒绝受领的标的物。在特定情况下，买受人对于出卖人所交付的标的物，虽可作出拒绝接受的意思表示，但有暂时保管并应及时处置标的物的义务。买受人拒绝接受时的保管义务是有条件的：1）必须是在异地交付的情况下，货物到达交付地点时，买受人发现标的物的品质瑕疵而作出拒绝接受的意思表示；2）出卖人在标的物接受交付的地点没有代理人；3）一般物品由买受人暂时保管；4）对于不易保管的、易变质物品，如水果、蔬菜等，买受人可以紧急变卖，但变卖所得在扣除变卖费用后须退回出卖人。

6. 买卖合同中标的物的风险负担

标的物毁损、灭失的风险，在标的物交付之前由出卖人负担，交付之后由买受人负担，但法律另有规定或者当事人另有约定的除外。所谓法律另有规定或当事人另有约定主要包括两种情况：一是在交付前标的物风险即由买受人负担；二是交付后的一段时间内标的物的风险仍由出卖人负担。

风险负担的交付主义规则在具体应用时应注意以下几点：

（1）出卖人出卖交由承运人运输的在途标的物，除当事人另有约定的以外，毁损、灭失的风险自合同成立时起由买受人承担。

（2）当事人没有约定交付地点或者约定不明确，标的物需要运输的，出卖人将标的物交付给第一承运人后，标的物毁损、灭失的风险由买受人承担。

（3）出卖人未按照约定交付提取标的物单证以外的有关单证和资料，但已交付了标的物或提取标的物的单证的，仍发生风险负担的转移。

（4）因买受人的原因致使标的物不能按照约定的期限交付的，买受人应当自违反约定之日起承担标的物毁损、灭失的风险。

（5）出卖人按照约定或者法律的规定将标的物置于交付地点，买受人违反约定没有收取的，标的物毁损、灭失的风险自违反约定之日起由买受人承担。

（6）因标的物质量不符合要求，致使不能实现合同目的的，买受人可以拒绝接受标的物或者解除合同。买受人拒绝接受标的物或者解除合同的，标的物毁损、灭失的风险由出卖人承担。

（7）标的物毁损、灭失的风险由买受人承担的，不影响因出卖人履行债务不符合约定，买受人要求其承担违约责任的权利。

（二）租赁合同

1. 租赁合同的概念

租赁合同指出租人将租赁物交付承租人使用、收益，承租人支付租金的合同。在租赁合同中，交付租赁物供对方使用、收益的一方称为出租人，使用租赁物并支付租金的一方称为承租人。

2. 租赁合同的特征

（1）转让财产使用权的合同。

租赁合同以承租人使用、收益租赁物为直接目的，承租人所取得的仅是对租赁物的使用、收益权，而非租赁物的所有权。

（2）有偿合同。

在租赁合同中，出租人所负担的交付租赁物供承租人使用、收益的义务与承租人所负担的交付租金的义务互为对价，因此，租赁合同为有偿合同。

（3）诺成合同。

在租赁合同中，出租人与承租人双方意思表示达成一致，合同即成立，所以租赁合同为诺成合同。

（4）具有临时性。

租赁合同具有临时性的特征，不适用于财产的永久性使用。租赁期限不得超过20年，超过20年的，超过部分无效。租赁期间届满，当事人可以续订租赁合同，但约定的租赁期限自续订之日起不得超过20年。

3. 出租人的义务

（1）交付租赁物并保证承租人正常使用、收益的义务。

1）如果租赁物有使承租人不能为正常使用、收益的瑕疵，出租人即应承担违约责任。

2）在订立合同时，承租人已知道租赁物存在瑕疵的，其后不得解除合同。

3）如果租赁物危及承租人的安全或者健康的，即使承租人订立合同时明知该租赁物质量不合格，仍然可以随时解除合同。

4）出租人于租赁关系存续期间也应保持租赁物适合于约定的使用、收益的状态。

5）出租人应担保不因第三人对租赁物主张权利而使承租人不能依约为使用、收益。

6）如因第三人主张权利，致使承租人不能对租赁物使用、收益的，承租人可以要求减少租金或者不支付租金。

（2）维修租赁物的义务。

1）除法律另有规定或合同另有约定外，出租人对租赁物有维修的义务。承租人在租赁物需要维修时可以要求出租人在合理期间内维修。

2）出租人未履行维修义务的，承租人可以自行维修，维修费用由出租人负担。

3）出租人因维修租赁物影响承租人使用的，应当相应减少租金或者延长租期。

4）承租人未交付租金的，出租人可行使同时履行抗辩权，拒绝履行其后的维修义务。

4. 承租人的义务

（1）依约定方法或租赁物的性质使用租赁物的义务。

1）承租人在占有租赁物后，应当依照约定的方法使用租赁物；对使用租赁物的方法没有约定或者约定不明确的，双方当事人可以协议补充；不能达成补充协议的，按照合同有关条款或者交易习惯确定；仍不能确定的，应当按照租赁物的性质使用。

2）承租人按照约定的方法或者租赁物的性质使用租赁物，致使租赁物受到损耗的，不承担损害赔偿责任。

3）承租人如果未依照约定的方法或者租赁物的性质使用租赁物，致使租赁物受到损失的，出租人可以解除合同并要求赔偿损失。

4）在承租人未依照约定的方法或租赁物的性质使用租赁物，未给租赁物造成损害，但有造成损害的危险时，出租人可以行使同时履行抗辩权，取回租赁物，也可以所有权人、有处分权人或占有人的身份，行使物上请求权，请求承租人停止其违反义务的行为，以消除危险。

（2）妥善保管租赁物的义务。

承租人未尽妥善保管义务，造成租赁物毁损、灭失的，应当承担损害赔偿责任。

（3）不作为义务。

在租赁合同中，承租人的不作为义务主要包括以下内容：

1）不得随意对租赁物进行改善或在租赁物上增设他物。

承租人基于租赁合同对于租赁物所享有的租赁权，从权利属性上来讲，系属债权，因此，承租人只有在经过出租人同意的前提下，方可对租赁物进行改善或者增设他物，承租人未经出租人同意，即对租赁物进行改善或者增设他物的，出租人可以要求承租人恢复原状或者赔偿损失。

2）不得随意转租。

所谓转租，是指承租人不退出租赁合同关系，而将租赁物出租给次承租人使用、收益。基于租赁权的债权属性，承租人不得随意转租租赁物。

第一，承租人经出租人同意，可以将租赁物转租给第三人。承租人转租的，承租人与出租人之间的租赁合同继续有效，次承租人对租赁物造成损失的，基于合同的相对性，出租人仅能对承租人主张违约责任的承担。对于次承租人，仅在符合侵权责任的构成要件时，出租人方可对其主张责任的承担。

第二，承租人未经出租人同意转租的，出租人可以解除其与承租人之间的合同，但承租人与次承租人之间的租赁合同，仍可成为生效合同。出租人知道或者应当知道承租人转租，但在 6 个月内未提出异议，其以承租人未经同意为由请求解除合同或者认定转租合同无效的，人民法院不予支持。

（4）支付租金的义务。

1）承租人应当依照约定的期限支付租金；对支付期限没有约定或者约定不明确的，可以协议补充；不能达成补充协议的，按照合同有关条款或者交易习惯确定。

2）按照以上方法仍不能确定的，租赁期间不满 1 年的，应当在租赁期间届满时支付；租赁期间在 1 年以上的，应当在每届满 1 年时支付；剩余期间不满 1 年的，应当在租赁期间届满时支付。

3）承租人无正当理由未支付或者迟延支付租金的，出租人可以要求承租人在合理期限内支付。此期间为宽限期，承租人逾期不支付的，出租人可以解除合同。

（5）返还租赁物的义务。

1）返还的租赁物应当符合按照约定或者租赁物性质使用后的状态。

2）定期租赁合同应于租赁期限届满时为之，不定期租赁合同应于通知终止租赁关系时为之。

3）承租人在返还租赁物时，就其对租赁物所支出的必要费用，也可主张返还。

本部分小结

我们已经学习了合同法的相关知识，这些知识点和大家的工作、生活息息相关。请大家回顾相关知识，并回答：

1. 什么是合同？
2. 合同违约责任应如何承担？
3. 买卖合同中的风险负担应如何认定？

第三节 侵权法律基础知识

导 语

同学们，作为家政服务员还需要掌握一项重要的民法知识，那就是侵权，它与我们的工作和生活密切相关。请大家和我一起来学习吧！

案例索引

段某的母亲王某年事已高，段某因工作比较忙，无法亲自照顾，遂找到北京市某家政服务公司要求提供人员对其母王某进行照料、看护。2021 年 1 月 27 日，段某（甲方）与徐某（乙方）、北京市某家政服务公司（丙方）签订《北京市某家政居间服务合同》，合同签订当日，段某按照合同约定支付相关费用。徐某于 2021 年 1 月 28 日起为段某之母王某提供不住家陪护。在合同履行期间，徐某按照段某要求，每天都会陪护王某在小区散步。2021 年 3 月 8 日，徐某陪护王某在小区散步，在行走过程中王某突然摔倒导致昏迷，徐某立即联系 120 及段某，后王某被送至北京市某医院进行抢救。最终王某因急性闭合性颅脑损伤、脑疝，于 2021 年 3 月 11 日去世。段某找到徐某及北京市某家政服务公司，要求进行赔偿。

请问：段某能否适用《民法典》中的侵权责任编内容维护自己的合法权益呢？

一、侵权责任概述

（一）侵权行为

侵权行为指由于过错侵害他人的人身和财产而依法应承担侵权责任的行为，以及依法律特别规定应当承担侵权责任的其他损害行为。不法侵害他人民事权益者称为侵权人，民事权益被侵害者称为被侵权人。

（二）侵权责任编保护利益

《民法典》侵权责任编是调整有关侵害他人人身、财产权益的行为而产生的侵权责任关系的法律规范的总和。

《民法典》侵权责任编保护利益主要包括以下五个方面。

1. 其他人格利益

其他人格利益，也叫作一般人格利益，是指具体人格权不能涵盖但应当依法予以保护的人格利益。考虑到民事权益多种多样，立法中难以穷尽，而且随着社会、经济的发展，还会不断地有新的民事权益纳入侵权责任编的保护范围，因此，侵权责任编没有将所有的人格利益都明确列举，任何人格利益，凡是没有明文规定，但确需依法进行保护的，都可以概括在这个概念里。具体而言包括以下几种其他人格利益：(1) 有一些在立法上没有规定，但是在理论上认为已经具有具体人格权性质的人格权，可以概括在其他人格利益中。(2) 对于有可能成为新的具体人格权的人格利益，如生活安宁权、知情权等，应当概括在其他人格利益中予以保护。(3) 对于具体人格权和上述人格利益无法包括的人格利益，概括在其他人格利益之中依法予以司法保护。

2. 死者人格利益

死者人格利益包括死者的姓名、肖像、名誉、荣誉、隐私以及遗体遗骨。侵害上述死者人格利益造成损害的，应承担相应责任。

3. 胎儿人格利益

《民法典》第 16 条规定："涉及遗产继承、接受赠与等胎儿利益保护的，胎儿视为具有民事权利能力。但是，胎儿娩出时为死体的，其民事权利能力自始不存在。"依照《民法典》第 16 条的原则性规定，侵权责任编保护胎儿人格利益的基本规则是：(1) 胎儿在母体中受到身体损害或者健康损害，法律确认其产生损害赔偿请求权。(2) 胎儿的损害赔偿请求权，在胎儿还没有出生之前，是一种潜在的权利，应待其出生后依法行使。(3) 由于初生儿具有民事权利能力而不具备民事行为能力，因而在行使侵权损害赔偿请求权时应由其亲权人作为法定代理人代为行使，而不是由其母亲行使。(4) 如果胎儿出生时为死体，胎儿不能产生损害赔偿请求权，而由受害人即怀孕的母亲享有损害赔偿请求权。

4. 其他身份利益

亲属之间基于特定的亲属关系产生的，不能为身份权所概括的利益，即为其他身份利益。除了配偶权、亲权和亲属权所保护的身份利益之外，其他身份利益大量存在，且经常受到侵权行为的侵害。将上述利益损害界定为身份利益损害是符合《民法典》过错责任原则的规定的。

5. 其他财产利益

其他财产利益，是物权、债权、知识产权等财产权所保护的财产利益之外的其他财产利益。在社会生活中，有很多财产利益损失是不能概括在上述财产权利当中的，而仅仅是财产利益的损失。例如，错误吊销许可证和执照、责令停产停业的，该行为造成停产停业期间必要的经常性费用开支，侵害的就是财产利益，而不是物权，也不是债权或者知识产权。类似的财产利益尽管都不是财产权利，但都应当得到保护。

二、侵权责任的归责原则

(一) 归责的概念

归责，是指行为人因其行为和物件造成他人损害的事实发生以后，应依何种根据使其承担责任。

归责可以从以下几方面理解。

1. 归责的目的是确定侵权责任的归属

归责的目的，是决定侵权行为造成损害的赔偿责任的归属，即确定为侵权行为的损害结果负担赔偿责任的主体。归责，就是将侵权行为所造成的损害后果归于对此损害后果负有责任的人来承担。如果没有归责的过程，侵权行为所造成的损害后果就没有人来承担，被侵权人的损害就没有办法得到救济，侵权人的民事违法行为就不能得到法律制裁，《民法典》侵权责任编预防与制裁侵权行为的立法目的也就无法实现。

2. 确定侵权责任的归属需要明确标准问题

既然归责的目的是确定为侵权行为损害结果承担责任的主体，即确定责任归属，那么就需要有一个明确的标准来决定何人对侵权行为的结果负担责任，从而能统一法律适用，保障立法目的的实现。这种标准，是某种特定的法律价值判断因素，是归责的核心要素。侵权责任归属的标准和依据，就是法律所确认的法律价值判断因素。这种法律价值判断因素，在立法者看来有两个：过错因素和损害结果的因素。侵权行为的归责就是针对侵权行为的不同情况，分别依据不同的法律价值判断因素，将赔偿的责任归属于对此损害负有责任的人来承担。

3. 归责不同于责任

归责是一个责任判断过程，而责任是归责的结果。如果将侵权行为的损害事实作为起点，将责任作为终点，那么，归责就是连接这两个点的一条线。归责只是为责任是否成立寻求根据，并不以责任的成立为最终目的。

（二）归责原则的概念

归责原则，则是指侵权人因自己的行为或因由其负责的他人行为以及归其所有或管理的物或物件致人损害的事实发生后，确定其承担侵权责任的基础或依据。归责原则是侵权责任法的灵魂，也是侵权责任法的核心规则，侵权责任法的规则体系就是以归责原则为基础而构建的。其目的是确定责任的归属，即在损害事实已经发生的情况下，确定侵权人对自己的行为所造成的损害，以及对自己所管领下的人或者物所造成的损害，是否应当承担赔偿责任。

《民法典》侵权责任编中侵权损害赔偿责任的归责原则体系，包括过错责任原则、过错推定责任原则和无过错责任原则，即“行为人因过错侵害他人民事权益造成损害的，应当承担侵权责任”“依照法律规定推定行为人有过错，其不能证明自己没有过错的，应当承担侵权责任”“行为人造成他人民事权益损害，不论行为人有无过错，法律规定应当承担侵权责任的，依照其规定”。

（三）过错责任原则

1. 过错责任原则的概念和特征

过错责任原则是指以过错为价值判断标准，判断行为人对其造成的损害应否承担侵权责任的归责原则。造成损害并不必然承担赔偿责任，必须要看行为人是否有过错，有过错有责任，无过错无责任。一般侵权行为引起的损害赔偿案件，应当由主观上有过错的一方承担侵权责任，主观过错是侵权损害赔偿责任构成的必要要件，如果缺少这一要件，即使同时满足有损害事实、行为和行为与损害事实的因果关系要件，也无须承担赔偿责任。《民法典》第 1165 条第 1 款规定："行为人因过错侵害他人民事权益造成损害的，应当承担侵权责任。"这就规定了过错责任原则，它是《民法典》侵权责任编的基本归责原则，同时也是一般侵权责任法律适用的侵权责任一般条款，即小的侵权责任一般条款。这是我国社会经济文化发展的需要，同时也是为了更有效地保护自然人、法人的合法权益，教育自然人、法人遵守法律和公共道德，预防和减少损害的发生，化解社会纠纷，促进社会和谐稳定。

《民法典》侵权责任编中的过错责任原则有以下三个方面的特征：

（1）过错责任原则的性质是主观归责原则。这意味着在确定侵权人的责任时，要依行为人的主观意思状态来确定，而不是依行为或者损害等客观方面确定，这也是过错责任原则与其他客观责任原则的区别。由此可见，过错责任不等于加害责任和其他客观责任。加害原则是以被侵权人受到损害为归责的价值判断标准，但如果行为人在主观上没有可非难性，一味地科以侵权责任并不合理，因此加害责任原则已经被历史所淘汰。在现代侵权法中，多数侵权行为采取的都是过错责任原则，即以行为人在主观上有没有过错为归责的绝对标准，如果主观上没有过错，就无须承担赔偿责任。

（2）以过错作为侵权责任的必备构成要件。在适用过错责任原则的场合，行为人的主观过错是责任构成的必备要件之一。如果行为人在主观上没有过错，就不能构成侵权责任。在侵权责任编的归责原则体系中，只有过错责任原则才有这样的要求，无过错责任原则没有这样的要求。这也是过错责任原则区别于侵权责任编归则原则体系中其他原则的一个特点。

（3）以过错为责任构成的最终要件。过错责任原则以过错为法律价值判断标准，就不仅仅要求将过错作为侵权责任构成的一般要件，而且要求将过错作为决定侵权责任构成的最终的、决定性的要件。只有这样，才能彻底贯彻"无过失即无责任"的精神，将过错作为最后的和最基本的构成要件加以考察，最终确定侵权责任应当由谁来承担。

2. 过错责任原则的适用

在实践中，适用过错责任原则应掌握以下规则：

（1）适用范围。过错责任原则适用于一般侵权行为。确定的标准是只有在法律有特别规定的情况下，才不适用过错责任原则。

（2）责任构成要件。

1）一般要求。适用过错责任原则确定赔偿责任，其构成要件有四个，即违法行为、损害事实、违法行为与损害事实之间的因果关系和过错，这四个要件缺一不可。

具体而言：

第一，构成过错责任需要有违法行为，若无行为人的行为，就不会产生侵权责任，这里的违法行为包括作为和不作为。

第二，构成过错责任要求行为人行为时有过错。在过错责任原则中，过错是确定行为人是否承担侵权责任的核心要件，也是人民法院审理侵权案件的主要考虑因素。行为人的行为造成损害并不必然承担侵权责任，必须要看其是否有过错，无过错即无责任。过错分为故意和过失。故意，是指行为人预见到自己的行为会导致某一损害后果而希望或者放任该后果发生的一种主观心理状态。过失，是指行为人因疏忽或者轻信而使自己未履行应有注意义务的一种心理状态，其是侵权责任法中最常见的过错形态。

第三，构成过错责任要求受害人的民事权益受到损害。损害是指行为人的行为对受害人的民事权益造成的不利后果。此处的“民事权益”应当结合《民法典》的相应规定来综合理解。

第四，行为人的行为须与受害人的损害之间有因果关系方能构成过错责任。因果关系是指行为人的行为作为原因，损害事实作为结果，在二者之间存在的前者导致后者发生的客观联系。因果关系是侵权责任的重要构成要件，在行为与损害事实之间确定存在因果关系的，就有可能构成侵权责任，没有因果关系就必然地不构成侵权责任。

2）过错程度对损害赔偿责任的影响。在某些情况下，过错程度有时候对侵权责任构成也具有决定作用。不过，这样的情况应当有法律明文规定，没有明文规定不能这样确定责任。同时，在某些情况下，过错程度对侵权损害赔偿责任的范围也有影响。

3）第三人的过错对责任的影响。由于第三人的过错而致受害人损害，只要行为人没有过错，行为人就不负责任。

（3）证明责任。适用过错责任原则，应按照“谁主张，谁举证”的民事诉讼原则，构成侵权责任的四个要件的举证责任全部由提出损害赔偿主张的受害人负担，加害人不承担举证责任，如果原告举证不足或者举证不能，应当承担败诉的结果。但在特定情形下，如环境污染责任中，不少环境污染损害有一个积累过程，时间长，跨度大，受害群体分布广，且专业性较强，让普通受害者个人费时耗力地证明因果关系是否存在困难重重，为了保护这些受害者，需要减轻受害者的举证责任，由被告负责证明自己的行为与损害结果之间没有因果关系。

（4）侵权责任形态。在适用过错责任原则的场合，侵权责任的基本形态是自己的责任，即侵权人为自己的行为造成的损害后果负责，只有在特别场合才存在替代责任的情形。

（四）过错推定责任原则

过错推定责任原则，指在法律有特别规定的场合下，根据法律规定推定行为人有过错，行为人不能证明自己没有过错的，应当承担侵权责任。《民法典》第 1165 条第 2 款规定：“依照法律规定推定行为人有过错，其不能证明自己没有过错的，应当承担侵权责任。”

在传统的过错责任原则下，受害人向加害人行使请求权时必须证明加害人具有过错，但过错是行为人的一种主观心理状态，受害人证明起来比较困难。加之进入现代社会后，各种机器设备大量出现，专业分工亦极为细密，碍于专业知识所限，受害人证明加害人的过错就更为困难。为了既能维持过错责任原则的地位不被动摇，又能有效保护和救济受害人，一些国家和地区发展出了减轻受害人举证责任的规则。过错推定责任原则的实质就是从侵害事实中推定行为人有过错，免除了受害人对过错的举证责任，加重了行为人的证明责任，更有利于保护受害一方的利益，也可更有效地制裁侵权行为。

推定，是指法律或法官从已知的事实推论未知事实而得出的结果。在侵权法中，过错推定是指受害人在诉讼中能够举证证明损害事实、违法行为和因果关系三个要件的情况下，推定加害人有过错，加害人如果不能证明自己对于损害的发生没有过错，则对加害人的推定过错成立，并就此承担赔偿责任。

（五）无过错责任原则

1. 无过错责任原则的概念

无过错责任，又称为严格责任、危险责任或者风险责任，指在法律有特别规定的情况下，以已经发生的损害结果为价值判断标准，与该损害结果有因果关系的行为人，不问其有无过错，都要承担侵权赔偿责任的归责原则。《民法典》第 1166 条规定：“行为人造成他人民事权益损害，不论行为人有无过错，法律规定应当承担侵权责任的，依照其规定。”此即无过错责任原则之规定。

无过错责任原则有如下特点：

（1）不以过错作为侵权责任的构成要件。加害人不能通过证明自己没有过错而免责（同理，意外事件不能作为免责事由）。无过错责任原则要求“无论行为人有无过错”，只要法律规定适用无过错责任原则，就依照其规定。严格责任中的“严格”亦是此意。

（2）无过错责任不问加害人过错，但需要适当考虑受害人的过错。无过错责任原则只是不考虑行为人过错，并非不考虑受害人过错。如果受害人对损害的发生也有过错的，在有的情况下可减轻甚至免除行为人的侵权责任。因此，受害人故意一般可以构成免责事由；而受害人过失，特别是重大过失，一般可以构成过失相抵，成为减轻加害人责任的事由。

（3）其适用范围仅限于法律明文规定的情形，《民法典》第 1166 条不能单独作为起诉的依据。对于无过错责任原则的规定，是为了在一些特定领域排除过错责任原则的适用。《民法典》第 1166 条的规定本身只是为了表明无过错责任原则在我国是与过错责任原则并列的归责原则，其并不直接具有作为裁判根据的意义。要对某一案件适用无过错责任原则，必须是《民法典》侵权责任编或者单行法明确规定该类案件不以过错为承担责任的条件，《民法典》侵权责任编或者其他法律未明确规定适用无过错责任原则的案件，均属于过错责任原则的适用范围。

2. 无过错责任原则的适用

（1）适用范围。依据《民法典》第 1166 条的规定，如果法律没有特别规定，不得适用无过错责任原则，无过错责任原则必须是在有法律规定的情况下适用。

（2）责任构成要件。构成要件有三个，即违法行为、损害事实和因果关系。在适用无过错责任原则的情况下，只要具备以上三个要件，行为人就应当承担赔偿责任，而不要求具备主观过错的要件。由此可见，决定责任构成的基本要件是因果关系。当损害结果和违法行为之间具有因果关系时，侵权责任即为构成。

（3）证明责任。适用无过错责任的具体规则是：被侵权人需要对三个构成要件（违法行为、损害事实和因果关系）承担证明责任，行为人对此无须承担举证责任；在被侵权人完成上述证明责任后，如果行为人主张不构成侵权或免责，自己应承担举证责任（举证责任倒置）。被告所要证明的不是自己无过错，而是被侵权人的故意或者重大过失才是致害的原因，这也是无过错责任原则与推定过错责任原则的一个重要区别。行为人能够证明损害是由于被侵权人的故意或者重大过失所引起的，即免除赔偿责任。行为人对上述举证责任举证不足或者举证不能，侵权责任即告成立，应承担侵权责任。

（4）侵权责任形态。一般是替代责任，包括对人的替代和对物的替代。

（5）侵权人过错的问题。在适用无过错责任原则的侵权行为中，法律只是不考虑侵权人的过错。在现实中，大多数实施无过错责任原则的侵权行为的行为人在行为时是有过错的，被侵权人能够提供证据加以证明。对此，可以实行以下规则：侵权人的过错对于侵权责任的构成没有意义。因为凡是在无过错责任原则适用的场合，构成侵权责任都不问过错。即使侵权人有过错，被侵权人已经证明，在这一环节也不加考虑。侵权人的过错对于侵权责任的赔偿范围具有较大的决定作用。适用无过错责任原则的，在赔偿数额上可能存在限制。许多适用无过错责任原则的活动是社会所需要的，法律允许这些活动的存在，但如果法律对这些领域发生的事故赔偿数额没有限制，就有可能过分加重行为人的负担，阻碍经济发展和企业壮大。如果侵权人确实没有过错，或者没有证明侵权人的过错，侵权人的赔偿责任就按照法律的一般规定确定，承担法律规定的限额赔偿责任。如果侵权人对于损害的发生或者扩大具有过错，损害赔偿责任范围的确定就应当按照过错责任原则的要求进行，凡是与其过错行为有因果关系的损害结果，都应当予以赔偿。

三、侵权责任的构成要件

（一）侵权责任构成的基本概念

侵权责任构成，指构成行为人因侵权行为所承担的民事责任所需的条件。换言之，侵权责任构成是依据法律进行理性分析，确定侵权人应当承担的侵权责任，即分析在一般情况下侵权责任由哪些要素构成，并且将这种构成作为判断行为人实施的行为是否成立侵权责任的标准。

侵权责任构成与侵权责任构成要件这两个概念是一个事物的两个方面，前者是指这种责任须具备哪些要素或条件才能构成，后者是指构成这种责任的基本要素或具体条件是什么。从这个角度来看，这两个概念是紧密相连的，是一个有机的整体。但是，从理论上和实践上来看，这两个概念的意义和作用并不相同。

确认侵权责任构成应具备违法行为、损害事实、因果关系和过错这四个要件。构成一般侵权损害赔偿责任，这四个要件缺一不可，否则就不能认定侵权损害赔偿的民事责任。构成特殊侵权损害赔偿责任，在实行无过错责任原则的情况下，可以不具备过错的要件；在实行过错推定原则的情况下，仍然要具备四个要件，但过错要件是推定的，不需要被侵权人举证证明。

（二）违法行为

违法行为，是指自然人或者法人违反法定义务、违反法律的禁止性规定而实施的作为或不作为。

违法行为作为侵权责任构成的客观要件，包括行为和违法两个要素，这两个要素构成违法行为要件的完整结构。这一结构表明，首先，侵权行为必须由行为构成，而非由事件或思想等行为以外的事实构成，构成侵权责任的前提是必须有一定的行为；其次，这种行为必须在客观上违反法律，具有违法性的特征，行为的违法性是构成侵权损害赔偿责任的重要条件。如果行为人的行为是合乎法律规定的行为，那么，即使这种行为造成了损害，行为人也不承担赔偿责任。

违法行为依其方式分为作为和不作为。作为的违法行为是指违反法律规定的不作为法定义务的行为，这是侵权行为的主要方式；不作为的违法行为是指违反法律规定的作为法定义务的行为。确定不作为违法行为的前提，是行为人负有特定的作为义务，凡是法律要求人们在某种情况下必须做某种行为时，如果负有这种义务的人不履行其义务，便是不作为的违法行为，对造成的损害应当承担损害赔偿责任。特定的义务不是一般的道德义务，而是法律所要求的具体义务，特定的法定作为义务的来源有以下三种：

（1）来自法律的直接规定。法律直接规定行为人负有作为义务的，为法定作为义务的来源。

示例：应喂养哺乳期子女而不喂养致其饿毙，为不作为侵权行为。

（2）来自业务上或职务上的要求。在业务上或者职务上要求行为人负有作为的义务，为法定作为义务的来源。

示例：值班医生负有救护患者的义务，如果值班医生没有对患者尽到救助义务，则属于不作为侵权行为。

（3）来自行为人先前的行为。行为人先前的行为给他人带来某种危险，对此，必须承担避免危险的作为义务，这也是法定作为义务的来源。

示例：成年人带领未成年人进山打柴，该成年人带领未成年人进山的行为，就使其产生了保护该未成年人安全的作为义务，在遇到危险的时候，如果该成年人不予救助，则构成不作为的侵权行为。

（三）损害事实

损害事实，是指一定的行为致使权利主体的人身权益、财产权益受到侵害，并造成财产利益和非财产利益的减少或灭失的客观事实。这里的行为也包括作为和不作为。

损害事实是由两个要素构成的，一是权利被侵害，二是权利被侵害而造成的利益损失。一个损害事实必须完整地具备侵害客体和利益损失这两个要素，缺少其中任何一个要素都不是侵权法意义上的损害事实，都不符合侵权责任构成要件的要求。损害事实的客观存在，是侵权损害赔偿法律关系赖以发生的根据，赔偿责任只有在造成了实际损害的条件下才能发生。如果仅有违法行为而无损害结果，侵权损害赔偿的民事责任便无从产生。因此，被侵权人所受到的人身和财产损害这种客观存在的事实，就是侵权责任发生的前提和依据。

根据我国《民法典》第 1165 条、第 1182 条和第 1184 条的规定，损害事实包括两大类：一是对人身权利及利益的损害事实；二是对财产权利及利益的损害事实。

1. 对人身权利及利益的损害事实

侵害人身权利及利益的损害事实，最终表现为人格利益损害和身份利益损害这两种不同种类。

（1）人格利益损害。

人格利益损害是侵害人格权所造成的损害事实。人格权包括身体权、健康权、生命权。由于人格权可以分为物质性人格权和精神性人格权两个类别，因而人格利益损害也分为两种不同的损害事实。

1）人身损害。人身损害是对物质性人格利益的有形损害。侵害身体权、健康权、生命权造成的人格利益损害为有形损害。人身的有形损害，首先表现为自然人的身体侵害、健康损伤和生命丧失。人身损害事实的特征是：第一，受到损害的是人的身体、健康和生命，侵权行为造成了被侵权人伤残或死亡，以及造成形式上或者实质上的身体完整性损害的结果；第二，侵权行为侵害的客体是被侵权人的身体权、生命权和健康权，而不是其他权利；第三，因伤、残而造成了被侵权人的财产损失，以及造成死亡后果的死者近亲属的财产损失。

人身损害事实包括以下两种特殊情况：第一，在造成人身损害引起的财产损失之外，还造成了被侵权人的精神痛苦损害，此时，精神痛苦的损害也是人身损害事实；第二，侵害身体权的损害事实多数不具有财产损失的后果，但侵害身体权造成的精神痛苦损害，也是人身损害事实。

2）人格利益的无形损害。侵害精神性人格权所造成的人格利益损害是无形的人格利益损害，包括侵害姓名权、肖像权、名称权、名誉权、信用权、荣誉权、人身自由权、隐私权、性自主权等精神性人格权以及身份权造成的损害事实。人格利益的无形损害包括两种情形：一是侵权行为造成财产损失；二是侵权行为虽没有造成财产损失但造成了精神损害且情节严重。

（2）身份利益损害。

身份利益损害是侵害身份权所造成的损害事实。由于身份权有基本身份权和派生身份权之分，因此身份利益损害表现为两种形式，即身份利益的表层损害和身份利益的深层损害。

2. 对财产权利及利益的损害事实

财产损害也叫财产损害事实，是指侵权人的不法行为侵害他人所有的财物以及其他财产权利，致使被侵权人的财产或者财产利益遭到损坏或毁灭的损害事实。它的特征是：第一，受到损害的对象通常是物、财物，但不仅仅包括物、财物，还包括其他财产利益。第二，侵权人不法行为侵害的客体是被侵权人对被损害之物以及财产利益的财产权，包括物权、债权和知识产权。第三，对财产权利的损害实际地表现为被侵权人财产和财产利益的减损和灭失。第四，这种受损害的财物或者财产利益可以是私人所有，也可以是全民所有或者集体所有。

财产损害通常表现为财产损失，包括直接损失和间接损失。

（1）直接损失。

直接损失是受害人现有财产的减少，也就是加害人不法行为侵害受害人的财产权利，致使受害人现有的财产利益直接受到的损失，如财物被毁损、被侵占而使受害人的财富减少。

（2）间接损失。

间接损失是受害人可得利益的丧失，即应当得到的利益因受不法行为的侵害而没有得到，是侵权人侵害被侵权人所有的财物或者财产权利，致使被侵权人在一定范围内的未来财产利益受到的损失。它有三个特征：一是损失的是一种未来的可得利益，而不是既得利益。在侵害行为实施时，它只具有财产取得的可能性，还不是现实的财产利益。二是这种丧失的未来利益是具有实际意义的，是必得利益而不是假设利益。三是这种可得利益必须是在一定的范围之内的，即侵权行为的直接影响所及的范围，超出该范围的不认为是间接损失。

对于财物损害间接损失的赔偿，关键在于两个方面，一是间接损失的确定，二是间接损失的计算。在确定何为间接损失，并计算出间接损失的大小之后，即可按照赔偿原则加以赔偿。间接损失是违法行为对处于增值状态中的财物造成损害的结果，所谓“处于增值状态中的财物”，是指正常生产、经营过程中的以生产、经营资料的形式出现的财物。根据马克思主义政治经济学，这些财物在生产、经营的过程中，只把原有的价值转移到生产、经营的成果当中，只有劳动者的劳动与这些财物结合后才会创造增值，没有处在生产、经营过程中的财物不会发生增值。因此，间接损失产生的机制，是不法行为破坏了生产者、经营者与作为生产、经营资料的财物构成的生产、经营关系中的物质条件，使生产者、经营者（被侵权人）不能正常利用这一生产、经营资料进行生产、经营活动，造成了可得利益的减少和丧失。对财物损害间接损失的赔偿不是对该财物价值损失的赔偿，而是对该财物的所有者利用该财物在经营中应创造出因遭受损害而未创造出的新价值这种损失的赔偿。其法律意义在于，将生产、经营资料原有的价值和被侵权人创造的价值区分开来，当被侵权人因其生产、经营资料遭受损害主张财物损害间接损失时，不得再就同一事实主张其误工工资的损失赔偿，因为二者均为被侵权人作为劳动者所遭受的损失。

人身损害造成的间接损失，是指侵权人侵害被侵权人的人身权利，致使被侵权人在一定范围内的未来财产利益遭受的损失。这种间接损失与人身损害直接损失的区别是，前者是未来的可得利益的减少，如因健康权受损害不能参加劳动而少收入的工资，商标权被侵害使产品滞销所造成的收入减少等；后者则是现有财产的减少，如因人身损害而支出的医药费等。此外，人身损害造成的间接损失与财产损害造成的间接损失的一个区别在于，法律已经就人身损害的赔偿项目作出了规定，在发生人身损害的间接损失时可以按照法定的标准进行赔偿。

（四）因果关系

侵权责任构成中的因果关系要件就是侵权法中的因果关系，它是指违法行为作为原因，损害事实作为结果，在它们之间存在的前者引起后果、后者被前者所引起的客观联系。

（五）过错

1. 过错的概念和特征

过错是指行为人决定其行为的故意或者过失的主观心理状态。过错有以下四个方面的特征：

（1）过错是一种主观心理状态。

过错是一个主观的概念，是人的主观心理状态，而不是客观的表现。过错存在于人的主观心理，尽管它通过行为人的行为表现出来，但它仍是主观的概念，而不是客观的概念，它不属于行为，也不具有违法性。

（2）过错是行为人决定自己行为时的心理状态。

过错的内容是行为人决定自己的行为时的心理状态。行为人在决定自己的行为时，根据自己的价值判断，应当意识到该行为的后果。在其已经意识到自己的行为会导致损害他人民事权益的后果时，或由于疏忽或懈怠应当意识到而没有意识到这样的后果，实施这样的行为，这种主观心理状态就是有过错。在一般情况下，过错是行为人对于自己行为的后果的过错，当然也有例外。《民法典》第 1190 条规定的暂时丧失心智的损害责任也是过错责任，这是过错的一种特殊情形。

(3) 过错表现为行为人决定自己行为的故意或者过失。

行为人在决定自己的行为时的心理状态包括两种，一种是故意，另一种是过失。不论是故意还是过失，都是行为人在决定自己的行为时的主观心理状态。

(4) 过错是法律对行为人的行为的否定性评价。

过错代表法律对行为人心理状态的否定性评价，法律认为，当行为人决定自己的行为时，如果存在过错，那么，他就要对自己的过错指导下的行为所造成的损害承担赔偿责任。如果没有过错，即使其行为造成了损害，行为人也不承担责任。

2. 过错的基本形态

过错分为两种基本形态，即故意和过失。

故意，是行为人预见自己行为的结果，仍然希望该结果发生或者听任该结果发生的主观心理状态。在侵权法中，故意包括直接故意和间接故意两种形式。对于间接故意是否可以构成侵权责任的问题，可以通过与过失简单类比得出结论，即过失能够构成侵权责任，间接故意比过失的过错程度为重，当然能构成侵权责任，但在要求以故意作为侵权责任构成要件的时候，间接故意则不一定构成侵权责任。

对于确定故意的标准，在侵权法上有意思主义和观念主义两种。意思主义强调故意必须有行为人对损害后果的“希望”或“意欲”；观念主义强调行为人能够认识或预见到行为的后果。由此可见，意思主义比观念主义要求更为严格。在确定标准的时候，宜采用折中主义的主张，易言之，行为人应当认识到或者预见到行为的结果，同时又希望或听任其发生。

过失，包括疏忽和懈怠。行为人对自己行为的结果，应当预见或者能够预见而没有预见，为疏忽；行为人对自己行为的结果虽然预见了却轻信可以避免，为懈怠。疏忽和懈怠，都是过失，都是受害人对应负的注意义务的违反。因此，民法上的过失，是行为人对受害人应负注意义务的疏忽或懈怠。换言之，正如我国台湾学者刘清波所说：“过失者，行为人对于自己的行为，所生一定之结果，如为相当之注意，即可避免，而欠缺此注意之心理状态也。”

（六）免除责任和减轻责任的事由的类型

《民法典》侵权责任编规定了六种不承担责任和减轻责任的情形。这六种情形可以分为正当理由和外来原因两类。

(1) 正当理由，即侵害行为本身因具有合法性而免除责任的理由，如正当防卫、紧急避险等，属于违法阻却事由。

(2) 外来原因，则是因为不具有因果关系，或造成损害后果的原因不是唯一的而免除责任或减轻责任的事由，如不可抗力、受害人故意、第三人过错、受害人也有过错等，属于因果关系抗辩。

四、侵权责任承担

（一）侵权责任方式的概念

在确认侵权行为构成后，接下来面临的问题就是应如何确定侵权人承担与其所实施的侵权行为相适应的责任方式。侵权责任方式，是指侵权人依据侵权法就自己实施的侵权行为应当承担的具体的民事责任形式。从抽象的意义上说，侵权责任方式就是侵权法规定的侵权人实施侵权行为所应当承担的具体的法律后果。法律规定侵权人承担侵权民事责任的方式，意味着法律对侵权人所实施的行为进行否定和谴责，并对侵权行为给予制裁，同时表明了法律对自然人、法人的权利的保护，也体现出了法律对一般自然人和法人的教育作用。

《民法典》第 179 条规定："承担民事责任的方式主要有：（一）停止侵害；（二）排除妨碍；（三）消除危险；（四）返还财产；（五）恢复原状；（六）修理、重作、更换；（七）继续履行；（八）赔偿损失；（九）支付违约金；（十）消除影响、恢复名誉；（十一）赔礼道歉。"

在上述 11 种民事责任方式中，停止侵害、排除妨碍、消除危险属于退出式的民事责任，适用该 3 类责任方式不要求存在损害后果发生的事实，也不要求具备过错要件。而恢复原状，赔偿损失，消除影响、恢复名誉，赔礼道歉这 4 类责任方式属于割让式的民事责任，要求损害事实的发生，并以侵权人主观上有过失为基本特征。返还财产兼具退出式和割让式民事责任的特点，适用于侵犯财产所有权或占有权的侵权行为类型。

（二）侵权责任方式的类型

在 11 种侵权责任方式中，财产责任是主要方式，非财产责任是非主要方式。前者如赔偿损失、恢复原状、返还财产，后者如停止侵害，消除影响、恢复名誉，赔礼道歉。此外，排除妨碍和消除危险则既有可能是财产责任方式，也可能是非财产责任方式。根据侵权责任方式的不同特点，可以将侵权责任方式概括为以下三种类型：

（1）财产型责任方式。这种责任方式主要是救济被侵权人的财产损失，也包括对非财产利益损害的救济，可以根据侵权行为损害利益的情况适用。

（2）精神型责任方式。这种责任方式主要是救济精神利益的损害和精神痛苦的损害，适用于精神性人格权损害的救济。我国侵权法对于财产损害一般不适用精神型的责任方式。

（3）综合型责任方式。这种责任方式对于一切侵权行为都可以适用，对侵害财产权利的侵权行为可以适用，对侵害人格权的侵权行为也可以适用。

（三）侵权责任方式的适用

1. 财产型责任方式的适用

（1）返还财产。

返还财产，是普遍适用的侵权责任方式。作为侵权责任方式的返还财产，是指返还原物。不法侵占他人财产的，应当返还原物。返还原物责任因不法行为人非法占有财产而产生，因返还原物提起的诉讼称为返还之诉。

适用返还原物的侵权责任方式时，应注意以下几点：

1）适用条件。

财产被侵占，且原物依然存在。如果原物已经灭失，客观上不存在返还原物的可能，则只能要求赔偿损失，而不能要求返还原物。如果原物虽然存在，但已经遭受毁损，可以在请求返还原物的基础上，再提出赔偿损失。返还原物在性质上是物的占有转移，而不是所有权的转移，因此必须要占有人将所有物转移至所有人的控制之下，才能视为原物已经返还。

2）返还的范围。

应当返还原物，以及原物所生孳息。构成侵权行为的侵占财产均为恶意，在恶意占有的情况下，占有人应负责返还其在全部恶意占有期间所获得的一切孳息，并且无权请求所有人补偿其占有期间所支付的费用。

3）请求权人。

有权请求返还原物的人，是被侵权人，包括原物的所有人、占有人。如为原物的所有人请求返还原物，不管是单个的所有人还是共有人，在所有物被他人非法占有后，都享有这一请求返还原物的权利，但在共有的情况下，必须要求不法占有人将共有物返还给全体共有人，如果共有人中的一人超过其应有份额而占有或使用共有物，则其他共有人对该共有人有请求返还其应有部分的权利。如为占有人请求返还原物，必须是占有人在合法占有期间，占有物又被第三人非法占有的情况下，占有人才有权请求非法占有人返还原物；该物的所有人也可根据其所有权请求不法占有人返还原物。在这种请求权重叠的情况下，请求权行使规则是，谁最后合法占有该物，谁就可以优先行使返还请求权，但并不排除所有人的请求权。不法占有人应将物返还给所有人还是合法占有人，应视具体情况而定，原则上应先返还给最后的合法占有人。

4）返还原物的义务人。

返还原物的请求权只能针对侵权人提出，而不能要求合法占有人返还原物，否则，合法占有人可依据其合法占有权，拒绝所有人的请求。确定占有人的占有为合法或非法，应根据所有人提出请求时占有人是否有权占有来决定。如果无权占有人在占有原物以后，又将物转给他人占有，则所有人就可请求无权占有人，也可请求现在的占有人返还原物。

（2）恢复原状。

恢复原状，是指恢复权利被侵犯前的原有的状态，一般是指将被损害的财产修复。在财产损害中，恢复原状即所有人的财产在被他人非法侵害遭到损坏时，如果能够修理恢复，则所有人有权要求侵权人通过修理，恢复财产原有的状态。广义的恢复原状，还包括通过返还财产使财产关系恢复到原有的状态，通过恢复名誉使受侵害的名誉权得到恢复等。

适用恢复原状应当具备以下条件：

1）须有修复的可能，不仅是在实际上可能，而且要在经济上合理，否则就不应该采取恢复原状的方式。

2）须有修复的必要，如果财产被破坏得无法修复，或虽可修复但所有人已不需要，则不能适用恢复原状，而应当折价赔偿。在恢复原状时，应由侵权人以自己的费用进行修复，被侵权人进行监督。

（3）赔偿损失。

赔偿损失是最主要、最基本的侵权责任方式，是指行为人因侵权行为而给他人造成损害，应以其财产赔偿受害人所受的损失。所有人的财产遭受他人的不法侵害，致使财产不能修复，或者原物已经灭失，不能返还的，可以请求不法行为人赔偿损失。侵权法上的赔偿损失包括人身损害赔偿、财产损害赔偿和精神损害赔偿三种形式。

2. 精神型责任方式的适用

（1）停止侵害。

如果行为人实施的侵权行为仍在继续中，受害人可依法请求法院责令侵害人承担停止侵害的责任方式。任何正在实施侵权行为的不法行为人都应立即停止其侵害行为，所以停止侵害的责任方式可适用于各种侵权行为。此种责任方式的主要作用在于：能够及时制止侵害行为，防止扩大侵害后果。但这种责任方式以侵权行为正在进行或仍在延续中为适用条件，对尚未发生的或业已终止的侵权行为则不得适用。责令停止侵害，实际上是要求侵害人不实施某种侵害行为，即不作为。

适用停止侵害责任方式应当注意以下几点：

1）可以先予执行。

停止侵害可以先予执行，在司法解释中称为先行裁定。先予执行的条件就是侵害正在进行，没有结束。这在一般的侵权案件中都可以适用。

2）诉前请求应当提供担保。

先行裁定停止侵害，由于尚没有确认侵权责任构成，是在责任还没有确定之前采取的先予执行措施，因此有可能出现执行错误的情况。如果在诉讼中不能证明被告的行为构成侵权责任，则会给被告造成严重的经济损失。为防止出现这样的情况，在采取停止侵害的民事责任方式时，应当责令申请人提供担保。

（2）消除影响、恢复名誉。

消除影响和恢复名誉在适用中常常并用，故可视为一种侵权责任方式。消除影响指的是行为人实施侵权行为侵害了公民、法人的人格权，对于其所造成的影响，应当在其影响所及的范围内消除不良后果。恢复名誉指的是行为人实施侵权行为侵害了公民或法人的名誉，对于受害人的名誉毁损，应在影响所及的范围内将受害人的名誉恢复至未受侵害时的状态。消除影响、恢复名誉是侵害自然人、法人的精神性人格权所承担的责任方式，在适用中，消除影响适用的范围较宽，可以适用于多种场合；恢复名誉则只适用于侵害名誉权的场合，是名誉权侵权人应承担的责任。这主要是因为侵害名誉权的直接后果是造成被侵权人的名誉毁损，而只有使侵权人承担恢复名誉的责任，才能彻底消除侵害名誉权的直接后果，消除造成被侵权人精神痛苦和财产损失的根源。

消除影响、恢复名誉的具体适用，要根据侵害行为及其造成影响所及范围和名誉毁损的后果来决定。处理的原则是，侵权人应根据侵害名誉权而造成的不良影响的大小，采取程度不同的措施给被侵权人消除不良影响。如果被侵权人要求消除影响、恢复名誉的方式不适当，法院可以判决采用较为适当的方式。

（3）赔礼道歉。

赔礼道歉，是指侵权人向受害人承认错误，表示歉意，以求得受害人的原谅，包括口头道歉和书面道歉两种形式。口头道歉由侵权人直接向被侵权人表示。书面道歉以文字形式为之，可以登载在报刊上，张贴于有关场所，或者以信件的方式转交被侵权人。侵权人拒不执行赔礼道歉的民事责任方式的，法院可以按照判决确定的方式进行，费用由侵权人承担。不过，强制进行赔礼道歉有违法之嫌，在适用中应当慎重。

赔礼道歉是一种承担民事责任的法定方式，与一般道义上的赔礼道歉不同，是靠国家强制力保障实施的，反映了国家、社会对不法行为的谴责，同时可以缓和矛盾，促进当事人之间的团结。

3. 综合型责任方式的适用

（1）排除妨碍。

排除妨碍，是指侵权人实施的行为使受害人无法行使或不能正常行使自己的人身权利、财产权利的，受害人请求加害人将妨碍权利实施的障碍予以排除。

受害人在请求排除妨碍时，应注意以下问题：

1）对不当行为才能够请求排除妨碍。确认妨碍的行为是否正当，要看这种妨碍是否有法律根据，是否妨碍了对方当事人权利的行使。如果妨碍行为是合法的，即正当行使权利的行为，则“妨碍人”可拒绝被侵权人的请求。只要不法行为妨碍他人行使物权、人身权和知识产权，被侵权人就可请求排除妨碍。在妨碍物权行使时，不仅所有人有权请求排除妨碍，对被妨碍的财产享有合法占有权的人亦有权请求排除妨碍。排除妨碍的费用由侵权人负担。

2）确认妨碍适用客观标准，而非主观标准。不考虑妨碍人在主观上是否预见妨碍的后果。

3）妨碍应当是客观存在的。受害人提出排除的妨碍，必须是已经存在或确实存在某种妨碍，而不是主观臆想、猜测的。妨碍既可以是侵权人实施的妨碍行为造成的，也可以是由侵权行为的对象造成的。

（2）消除危险。

消除危险，是指行为人的行为和其管领下的物件对他人的人身和财产安全造成威胁，或存在侵害他人人身或财产的可能的，该他人有权要求行为人采取有效措施，将具有危险因素的行为或对象予以消除。

适用消除危险的责任方式，必须是危险存在，确有可能造成损害的后果，对他人造成威胁，但是损害尚未实际发生，没有妨碍他人民事权利的行使。适用此种责任方式，能有效地防止损害的发生，充分保护民事主体的民事权利。

五、用人者责任

（一）用人者责任的概念

用人者包括单位和个人，在传统上一般都统称为雇主。在限定范围的语境下，雇主责任包括两方面的含义：一是雇主对受雇人在工作过程中所遭受的损害承担责任；二是雇主对受雇人在执行职务过程中造成他人损害所承担的责任。这里的雇主责任主要是指受雇人在工作过程中造成他人损害的情形。

雇主责任涉及三方面主体，即雇主、雇员和受害人。其中，雇主与雇员之间是雇佣关系，雇员是造成受害人损伤的具体行为人，雇主则是法律规定的对受害人承担责任的责任人。雇主责任是典型的替代责任。

我国用人者责任包括国家机关工作人员因工作而产生侵权行为的情形。所谓用人者，是指使用他人并指派其从事某种活动的人，包括用人单位，也包括个人；被使用人是指接受用人者指示，根据用人者意思提供劳务的人，包括单位的工作人员，也包括个人劳务提供者。

（二）用人者责任的特征

1. 用人者责任是一种替代责任

用人者责任不是对用人者自己实施的侵害行为承担责任，而是对被使用人的侵权行为承担责任，属于替代责任，即由他人对行为人的行为承担责任，其典型表现是行为人与责任人相脱离。由于工作人员是为用人单位工作的，用人单位可以从工作人员的工作中获取一定的利益，因此，工作人员因工作所产生的风险，需要由用人单位承担。用人单位与工作人员相比，一般经济能力较强，让用人单位承担责任，有利于更好地保护被侵权人的合法权益，也有利于用人单位在选任工作人员时能尽到相当的谨慎和注意义务，加强对工作人员的监督和管理。

2. 用人者责任以被使用人的职务行为侵权为前提

因执行工作任务或者因劳务，一方支配另一方的劳动，由此产生的侵权行为是构成用人者责任的前提。不是因执行工作任务或者因劳务发生的这种支配他人劳动的行为，不能构成用人者责任。也就是说，被使用人须在从事用人者指示的任务或者履行自己的职务过程中造成他人损害，才构成用人者责任。

3. 用人者责任的成立以被使用人行为构成侵权为基础

被使用人的行为不构成侵权，用人者自然也无从替代其承担责任。在用人者责任中实际上存在两个行为：一个是造成损害的工作人员的行为，这是造成损害的具体行为；而另一个则是用人者的监督不力、管理不当。用人者行为构成侵权是用人者责任的基础，但用人者的行为必须作用在被使用人的身上，才造成了劳动者的具体行为的发生。因此，在用人者责任的责任构成中，因果关系存在造成损害的直接原因和间接原因，两种原因行为相结合，才能构成侵权责任。

4. 用人者责任适用无过错责任原则

在世界范围内，大多数国家在雇主责任中适用无过错责任（英美法系称严格责任），而德国以及受德国影响较大的国家如日本等，适用过错推定原则。

我国《民法典》总则编没有规定用人者责任，在第 62 条规定了“法定代表人因执行职务造成他人损害的，由法人承担民事责任。法人承担民事责任后，依照法律或者法人章程的规定，可以向有过错的法定代表人追偿”。《民法典》侵权责任编同样采用了这种理念，在用人者责任方面规定用人者对被使用人造成的损害承担责任，而没有规定其在人员选任、工作管理、监督方面尽到了注意义务可以免除责任，所以，系采用了无过错责任原则。

六、用人单位责任

（一）用人单位责任的概念和特征

用人单位责任，是指用人单位的工作人员因执行工作任务造成他人损害，由用人单位作为赔偿责任主体，为其工作人员致害的行为承担损害赔偿责任的特殊侵权责任。

用人单位责任的基本特征是：第一，其实施侵权行为的主体特定化，只有用人单位的工作人员造成侵权后果的时候，才能够成立这种侵权行为；第二，其侵权行为发生的场合特定化，只有用人单位的工作人员因执行工作任务造成他人损害，才能构成这种侵权行为；第三，其侵权损害的行为状态特定化，只有用人单位的工作人员因执行工作任务造成第三人的损害，才能构成这种侵权责任；第四，其侵权行为的责任形态是替代责任，用人单位工作人员造成第三人损害，承担责任的不是行为人即用人单位的工作人员，而是用人单位，因此是典型的替代责任形态。

（二）用人单位责任的构成要件

1. 当事人之间存在雇佣关系

当事人之间是否存在雇佣关系可以从支付报酬、员工的行为是否受用人单位监督或支配以及员工是否提供了实际劳务等方面综合判断。雇佣关系存在与否是判断用人单位责任和义务帮工人致人损害时被帮工人责任的重要依据。

2. 工作人员的行为须构成侵权

用人单位责任以员工行为为基础，员工的行为正当，即便造成他人损害，员工依法不承担责任的，用人单位也无承担责任的基础。所以，用人单位责任须以员工行为构成侵权为前提，此侵权应以员工为行为人作为判断标准。员工的行为符合过错责任的，由用人单位承担过错责任；员工行为符合无过错责任的，则由用人单位承担无过错责任。

3. 须有第三人受损害的事实

用人单位责任的损害事实要件，包括侵害人身权利和财产权利所造成的损害后果。损害事实可以是人身损害事实，也可以是精神损害事实，还可以是财产损害事实。用人单位责任以员工造成他人损害为前提，第三人没有损害的，用人单位自然也无承担责任的道理。如果雇佣行为仅造成了员工损害，则属于工伤事故责任。

4. 须是执行职务行为造成损害

用人单位工作人员的行为须是执行职务的行为，才能构成用人单位责任。《民法典》第 1191 条规定中使用的概念不是执行职务，而是“执行工作任务”。执行工作任务与执行职务只是表述方法不同，其实质内容是一致的。因此，只有在执行职务过程中造成损害的，才是职务行为，用人单位才有必要为工作人员造成的损害负责。工作人员虽然造成他人损害，但如果不是执行职务的行为，则用人单位不承担责任，只能由行为人自己承担责任，变成了自己责任的一般侵权行为。工作人员实施与职务无关的行为致人损害的，应当由行为人承担赔偿责任。

（三）用人单位责任的抗辩

单纯就用人单位责任的抗辩而言，员工的行为不构成侵权自然也是用人单位的抗辩事由，但这里所说的用人单位责任的抗辩，是指在员工的行为构成侵权并承担责任时的抗辩。

1. 员工故意或者重大过失

用人单位责任是用人单位对员工的行为承担无过错责任。但是，在员工故意或有重大过失时，仍然要求用人者独立承担责任有失公平。因此，并非在任何情况下，员工的行为都由用人单位承担法律后果。其实，用人单位也可以依据合同或依据法律规定向有过错的员工追偿。

依据我国法律规定，用人单位责任属于无过错责任，但是，无过错责任是针对用人单位而言的，如果受害人对于损害有过错，则也涉及责任抗辩问题。在用人单位责任中，受害人如果仅有一般过失，则不能作为减轻用人单位责任的理由。

如果工作人员致人损害在主观上有过错，用人单位赔偿被侵权人的损失以后，即对工作人员取得追偿权，工作人员应当赔偿用人单位因赔偿被侵权人的损失所造成的损失，此时形成一个新的损害追偿法律关系。《民法典》第 62 条规定：“法定代表人因执行职务造成他人损害的，由法人承担民事责任。法人承担民事责任后，依照法律或者法人章程的规定，可以向有过错的法定代表人追偿。”

2. 派遣单位无过错

在劳务派遣情况下，被派遣的工作人员造成他人损害的，通常由接受劳务派遣的用工单位承担侵权责任，而派遣单位有过错的，则应当承担相应的补充责任。但是，如果派遣单位没有过错，则无须承担侵权责任。

（四）劳务派遣责任的构成要件

构成劳务派遣责任，应当具备以下要件。

1. 在当事人之间存在劳务派遣的劳动关系

构成劳务派遣责任，首先必须在三方当事人之间存在劳务派遣的劳动关系。劳务派遣单位与被派遣的工作人员之间有劳动合同关系，劳务派遣单位与用工单位之间有劳务派遣合同关系。根据上述两个合同关系，被派遣的工作人员在用工单位提供劳动。没有这样的劳务派遣的劳动关系，则不存在劳务派遣责任。

2. 被派遣的工作人员在执行派遣工作任务时造成他人损害

劳务派遣责任中的损害事实要件，同样是致他人损害，包括人身损害和财产损害。这个损害事实应当发生在被派遣的工作人员执行派遣工作任务的过程中，也就是被派遣的工作人员因执行工作任务造成他人损害的客观事实。如果不是在执行派遣的工作任务时造成损害，则不构成劳务派遣责任，而可能是一般的用人单位责任。例如，被派遣的工作人员在去往派遣单位的途中尚未到达用工单位即造成损害，或者在完成派遣任务回到派遣单位时造成他人损害，则不构成劳务派遣责任，而应当按照用人单位责任的要求，由用人单位承担责任。

3. 损害事实的发生与被派遣的工作人员执行工作任务有因果关系

造成他人损害的行为，应当是被派遣的工作人员执行派遣工作的任务行为所致，二者之间有因果关系。在接受派遣劳务之后，被派遣的工作人员在执行工作任务时造成他人损害，就构成劳务派遣责任。

4. 接受派遣单位在指挥监督工作人员工作中有过失

构成劳务派遣责任，接受派遣单位须有过失。过失的表现是接受派遣单位在指挥、监督工作人员执行职务行为时，应当注意而未尽注意义务。确定接受派遣单位的过失，应当采用推定方式，在被侵权人已经证明前述三个要件的基础上，推定接受派遣单位存在上述过失。接受派遣单位认为自己没有过失的，应当自己提供证据证明。能够证明自己没有过失的，不承担侵权责任；不能证明的，过失推定成立，应当承担赔偿责任。

劳务派遣单位的过错要件的作用在于，劳务派遣单位承担补充责任，而不是确定接受派遣单位的责任。

（五）劳务派遣的责任承担

劳务派遣期间，被派遣的工作人员因执行工作任务造成他人损害的，按照下列规则承担责任。

1. 由接受劳务派遣的用工单位承担无过错的替代侵权责任

具备前述劳务派遣责任构成要件的，成立接受派遣用工单位的责任，接受派遣用工单位应当承担赔偿责任。之所以在劳务派遣责任中不由劳务派遣单位承担责任而由接受派遣用工单位承担责任，原因在于接受派遣用工单位在支配工作人员的劳动，工作人员是在用工单位的指挥、监督下，直接为接受派遣用工单位进行劳动。

如果被派遣的工作人员因执行工作任务致人损害有过错的，则接受派遣用工单位在承担了赔偿责任之后，有权向有过错的工作人员追偿。

2. 若用工单位的赔偿能力不足，劳务派遣单位有过错的，承担与其过错相应的补充责任

被派遣的工作人员在执行工作任务时造成他人损害，劳务派遣单位也有过错的，由于派遣单位与被派遣的工作人员之间有劳动关系，因此劳务派遣单位应当承担相应的补充责任。

劳务派遣单位的补充责任具有三个特点：

（1）具有顺位利益，若用工单位的赔偿能力充足，劳务派遣单位即使具有过错，也不对外承担责任，这是“补充”二字的含义。

（2）劳务派遣单位的责任是过错责任。即使用工单位赔偿能力不足，劳务派遣单位若无过错，也不承担责任，这是“过错”二字的含义。

（3）劳务派遣单位有过错的，承担与其过错相应的补充责任。也就是说，并非“剩多少一定得补充赔偿多少”，而是“补充赔偿与其过错相应的数额”。这是“相应”二字的含义。

七、个人劳务责任

（一）个人劳务责任的概念和特征

个人劳务责任是一种特殊的用人者责任，是指在个人之间形成的劳务关系中，提供劳务一方因劳务活动造成他人损害，接受劳务一方应当承担替代赔偿责任的特殊侵权责任。

个人劳务责任具有以下法律特征。

1. 接受劳务一方与提供劳务一方之间具有个人劳务关系

个人劳务责任最主要的特征在于，接受劳务一方与提供劳务一方之间具有个人劳务关系。接受劳务一方出具工资报酬，提供劳务一方出卖劳动力；换言之，接受劳务一方出具价金，提供劳务一方通过自己的劳动为接受劳务一方创造价值。不具有个人劳务关系这个特征的，如帮工、换工等，不适用个人劳务责任。

2. 提供劳务一方执行劳务活动造成的损害等于是接受劳务一方的行为造成的损害

既然提供劳务一方执行劳务活动的行为就是接受劳务一方的行为，提供劳务一方在执行劳务活动时的行为造成的第三人的损害，就等于是接受劳务一方的行为造

成的损害。如果提供劳务一方在执行劳务活动时造成了自己的损害，则是工伤事故责任，而不是个人劳务责任。

3. 个人劳务责任的侵权责任形态是替代责任

个人劳务责任是典型的替代责任，因为具体实施侵权行为的人是提供劳务一方，而不是接受劳务一方，但是在侵权损害赔偿法律关系上，则由接受劳务一方作为损害赔偿法律关系的赔偿责任主体，被侵权人不是向实施侵权行为的提供劳务一方请求赔偿，而是向接受劳务一方行使损害赔偿请求权。

（二）个人劳务责任替代责任的构成要件

1. 接受劳务一方与提供劳务一方之间须有特定关系

构成个人劳务责任，首先必须在责任人和行为人之间具有劳务关系，具体表现为三个方面：

（1）接受劳务一方与提供劳务一方之间具有特定的人身关系，即提供劳务一方在受雇期间，其行为受接受劳务一方意志的支配与约束；在从事劳务活动的过程中，提供劳务一方按照接受劳务一方的意志所实施的行为，实际上等于接受劳务一方自己所实施的行为。

（2）接受劳务一方与提供劳务一方所造成的第三人的损害之间存在特定的因果关系。损害事实虽系提供劳务一方的行为直接造成的，但接受劳务一方对提供劳务一方选任不当、疏于监督管理等作为与不作为的行为，是损害事实得以发生的主要原因。

（3）接受劳务一方与提供劳务一方之间有着特定的利益关系。提供劳务一方在受雇期间所实施的行为，直接为接受劳务一方创造经济利益以及其他物质利益，接受劳务一方承受这种利益，提供劳务一方据此得到报酬。

2. 接受劳务一方须处于特定地位

在替代责任中，这种特定地位表现为替代责任人在其与加害人的特定关系中所处的带有支配性质的地位。

考察为加害人的损害后果负责的责任人地位，主要从以下几个方面进行：（1）双方有无确定特定关系的事实或合同；（2）加害人是否受有责任人的报酬；（3）加害人的活动是否受责任人的指示、监督或监护等约束；（4）加害人是否向责任人提供劳务。

考察接受劳务一方是否处于应负替代责任的地位，即确定接受劳务一方与提供劳务一方之间是否存在劳务关系，主要参考以下几个方面：（1）双方有无劳务合同（口头的或书面的）；（2）提供劳务一方有无报酬；（3）提供劳务一方有无提供劳务；（4）提供劳务一方是否受接受劳务一方的监督。

3. 提供劳务一方在造成第三人的损害时应处于特定状态

替代责任中的加害人处于特定状态是必要条件。在个人劳务责任的替代责任中，接受劳务一方是提供劳务一方的雇主，提供劳务一方必须是因劳务活动行为给第三人造成损害。

提供劳务一方是否因劳务致人损害，是接受劳务一方是否承担替代责任的决定性因素。在确定提供劳务一方是否因劳务活动致人损害时，应当按照以下规则处理：第一，接受劳务一方有明确指示授权的，按照接受劳务一方的明确指示确定。第二，超出接受劳务一方授权的范围，即接受劳务一方没有明确指示的，以提供劳务一方从事活动的外在表现形态为标准，如果行为在客观上表现为与接受劳务一方指示办理的事件要求相一致，就应当认为是属于从事劳务活动的范围。

4. 接受劳务一方在主观上存在过错

主观过错表现在接受劳务一方身上，而提供劳务一方在主观上是否有过错在所不问。接受劳务一方的过错内容，表现在对提供劳务一方的选任、监督、管理上的疏于注意义务。确定接受劳务一方的过错，应采用过错推定的形式。

本部分小结

我们已经学习了侵权法的相关知识，这些知识点和大家的工作、生活息息相关。请大家回顾相关知识，并回答：

1. 什么是侵权责任？
2. 侵权责任的归责原则有哪些？
3. 侵权责任的构成要件是什么？

第四章

家政职业的劳动保障

第一节 劳动法概述

导语

劳动法是我国重要的基本法，直接关系到家政服务员与雇主的行为和利益，双方都应该了解劳动法的相关内容。那么，劳动法包含哪些内容呢？我们一起来学习吧！

案例索引

张某聘请了某家政公司的保姆李阿姨到家里照顾自己年迈的母亲，但三个月后因工资支付问题张某和李阿姨之间产生了纠纷。张某主张自己不是公司企业，所以他和李阿姨之间的纠纷不能适用劳动法。

请问：张某和李阿姨之间的纠纷可以适用劳动法吗?

一、劳动法的概念

劳动法是我国重要的基本法，属于社会法的范畴。一些专家学者认为劳动法与民商法也存在交叉。劳动法的立法目的在于通过法律调整劳动关系以及其他与劳动关系相关的关系，确立、维护和发展用人单位与劳动者之间和谐稳定的劳动关系，并以此保护劳动者的合法权益、促进经济和社会发展。

二、劳动法的调整对象

劳动法的调整对象包括两方面的关系：一是劳动关系，这是劳动法调整的最基本的关系，也是劳动法调整对象的核心关系；二是其他与劳动关系相关的关系，这些关系本身并非劳动关系，但与劳动关系联系密切，因此也纳入了劳动法的调整对象中。

（一）劳动关系

劳动关系是指人们在劳动过程中发生的社会关系。在劳动过程中，人们处于一些特定的劳动关系中，相互之间也会发生一些联系和关系，并在此基础上进行生产活动。

在现代社会中，劳动关系主要体现为劳动者与用人单位之间发生的关系。在我国，常见的用人单位有企业、个体经济组织、国家机关、事业单位、社会团体等。

劳动法所调整的劳动关系，主要有以下五个方面的特征：(1) 劳动是劳动关系的主要内容，劳动关系与劳动直接相关；(2) 劳动关系的双方分别是个人（自然人）和用人单位；(3) 劳动关系中的个人要参加到用人单位之中，成为该单位的成员，从事该单位的具体工作，遵守该单位的规章制度；(4) 劳动关系的发生、变更和终止，要依法进行；(5) 劳动者与用人单位在劳动关系中的权利、义务、争议等内容，也应当依法遵从和处理。

此外，要注意的是，有些劳动者与国家机关、事业单位或社会团体建立了劳动关系，但法律法规对于调整其劳动关系另有规定的，从其特殊规定，不属于劳动法的调整范畴。

（二）其他与劳动关系相关的关系

劳动法除调整劳动关系外，还调整其他与劳动关系相关的关系。这些关系，有的是劳动关系发生的必要前提，有的是直接后果，有的是伴随劳动关系而产生存续的关系。这些关系主要包括：(1) 由于劳动争议处理而产生的关系，如劳动仲裁机构、人民法院处理劳动争议而产生的关系；(2) 由于社会保险而产生的关系，如社保机构与用人单位或劳动者之间产生的关系；(3) 国家机关、工会与用人单位之间因检查劳动法律制度的执行落实情况或管理劳动关系而产生的关系；(4) 用人单位与工会组织之间的关系；等等。

三、劳动法的渊源

劳动法的渊源，是指我国劳动法律规范的表现形式。

我国劳动法的主要渊源有以下几种。

1. 宪法中有关劳动问题的规定

宪法是我国的根本法，其中关于劳动问题的规定，是我国所有劳动法律规范的立法基础和依据。

2. 全国人民代表大会及其常委会制定的有关劳动的基本法

基本法的效力仅次于宪法，我国有关劳动的基本法有：(1) 与劳动直接相关的基本法，如《中华人民共和国劳动法》《中华人民共和国劳动合同法》《中华人民共和国就业促进法》《中华人民共和国工会法》《中华人民共和国劳动争议调解仲裁法》等；(2) 在其他一些基本法中也存在与劳动相关的内容，如《中华人民共和国妇女权益保障法》《中华人民共和国社会保险法》《中华人民共和国安全生产法》等，这些基本法也都是劳动法的渊源。

3. 国务院规定的与劳动相关的行政法规

国务院颁布的劳动法规，包括条例、规定、决定、办法、实施细则等，是我国调整劳动关系的重要依据。如《失业保险条例》《工伤保险条例》《禁止使用童工规定》《劳动合同法实施条例》等。

4. 国务院各部委制定的劳动相关的规章

国务院各部委有权根据法律和行政法规、决定、命令，在本部门范围内发布命令、指示、规章。其中与劳动相关的规章，也是劳动法的渊源。如人力资源和社会保障部发布的《最低工资规定》《劳务派遣暂行规定》《社会保险行政争议处理办法》等。

5. 地方性劳动法规

我国各省、自治区、直辖市的人民代表大会及其常委会，在不与宪法、基本法、行政法规相抵触的前提下，可以制定地方性法规或自治条例和单行条例。地方各级人民代表大会、地方各级人大常委会、县级以上各级人民政府，依照各自的权限，可以发布决定和命令。这些地方性劳动法规也属于劳动法的渊源，但效力仅及于本地区。

6. 司法解释

司法解释是由国家最高司法机关在适用法律过程中对具体应用法律问题所作的解释。司法解释也是我国的法律渊源。如最高人民法院发布的《关于在民事审判工作中适用〈中华人民共和国工会法〉若干问题的解释》《关于审理劳动争议案件适用法律若干问题的解释》等。

此外，我国劳动法的渊源还包括我国政府批准生效的国际劳工组织通过的劳动公约和建议书、工会制定的经政府部门认可或工会与国务院有关部委联合公布的有关劳动问题的规范性文件。

四、劳动法的内容

劳动法的内容包括调整劳动关系的法律规范和调整其他与劳动关系相关关系的法律规范。在我国，劳动法的内容主要包括劳动就业制度、劳动合同制度、集体合同的签订与执行制度、工作时间和休息时间制度、工资方面的法规、劳动安全与卫生的规程、女性劳动者与未成年劳动者的特殊规定、职业培训的法规、社会保险与福利制度、劳动争议处理制度、违反劳动法的法律责任等。

五、劳动法的作用

劳动法是社会主义法制体系中的重要部门法，对我国的发展建设有着重要作用，与我国数亿劳动者关系密切。劳动法有加强党对经济工作和劳动工作的领导、推动社会发展进步、构建和谐的劳动关系、保护劳动者合法权益、合理解决劳动争议等作用。

六、我国劳动法的实施范围

《中华人民共和国劳动法》（以下简称《劳动法》）从我国实际出发，规定：“在中华人民共和国境内的企业、个体经济组织和与之形成劳动关系的劳动者，适用本法。国家机关、事业组织、社会团体和与之建立劳动合同关系的劳动者，依照本法执行。”根据这一条规定，我国劳动法的实施范围具体而言包含两类情况：

（1）我国劳动法的实施范围包括我国境内的所有企业和个体经济组织，无论性质如何。也就是说，既包括国有企业、集体所有企业、私营企业、个体经济组织，也包括外商投资企业、外商独资企业等。只要这些在我国境内的用人单位与劳动者建立了劳动关系，双方均应当遵守劳动法的规定，行使权利、履行义务。

（2）对于国家机关、事业组织、社会团体中的劳动者，要分两种情况。对于与这些单位建立劳动合同关系的劳动者，适用劳动法调整；而对于如国家机关中的公务员，则不适用劳动法，而应当由公务员法进行调整。

只要是属于上述两类情况的劳动者，无论工种、工作内容、工作形式、性别、年龄、民族、籍贯等如何，都应当遵守劳动法的规范，接受劳动法的保护。在我国境内的用人单位也应当严格遵守劳动法的规定，尤其是履行应当承担的任务。

本部分小结

学完本部分课程，大家对劳动法的基本知识是否有所了解了呢？本部分主要讲述了劳动法的概念、调整对象、渊源、内容、作用和实施范围，这些知识和每一位家政服务员的工作、生活都息息相关，大家一定要认真学习。课后大家可以结合实践思考一下，哪些生活中的案例是可以由劳动法调整的呢？

第二节　劳动法律关系

导 语

对于劳动者而言，明确自己的权利和义务对于自己利益的维护是至关重要的，这都包含在劳动法律关系中。那么，什么是劳动法律关系，其具体内容又是什么呢？我们一起来学习吧！

案例索引

小王只有 15 岁，初中毕业后因为家庭经济状况不佳，想去从事家政服务工作，但是家政服务公司的人事部门却告诉她，她没有劳动权利能力和劳动行为能力，不能和她签订劳动合同，否则属于雇用童工，是违法的。

请问：小王现在可以从事家政服务工作吗？

一、劳动法律关系概述

劳动法律关系是一种权利义务关系，是劳动法在调整劳动关系过程中形成的法律上的劳动权利和劳动义务关系，是各类用人单位与职工依据劳动法所享有的法律上的权利和应履行的法律上的义务，是劳动关系在法律上的表现。

在我国，只有合法的劳动关系才受到法律的保护，国家不承认也不允许不合法的劳动关系出现与存在。不符合公共利益和法律的劳动关系，法律不仅不予保护，还要予以禁止和取缔。例如，雇用没有达到法定年龄的童工，或者强制别人为自己劳动的，这种关系本身就是违法的，不仅不能得到劳动法的保护，还应当受到制裁，在劳动法的否定之外，我国刑法中还专门规定了强迫劳动罪和雇用童工从事危重劳动罪，以最严厉的手段予以禁止。

劳动法律事实会引起劳动法律关系的产生、变更和消灭。

二、劳动法律关系的构成要素

法律关系一般存在三项构成要素，即法律关系的主体、法律关系的内容和法律关系的客体。具体到劳动法律关系，也存在三项构成要素：劳动法律关系的主体、劳动法律关系的内容，以及劳动法律关系的客体。

（一）劳动法律关系的主体

劳动法律关系的主体，就是劳动法律关系的参与者，其依照劳动法享有权利并承担义务。劳动法律关系的主体，包括自然人和法人。通常在劳动法律关系中，自然人是作为劳动者存在的，包括本国人和外国人；法人是作为用人单位存在的，包括具有法人资格的企业、事业单位、国家机关、社会团体和个体经济组织。自然人和法人都应当具有劳动权利能力和劳动行为能力。

1. 自然人的劳动权利能力和劳动行为能力

自然人的劳动权利能力和劳动行为能力，是指自然人根据劳动法律的规定享受劳动的权利和承担劳动的义务，从而使劳动法律关系产生、变更或者消灭的能力。

我国自然人的劳动权利能力与劳动行为能力，从年满 16 周岁开始。我国劳动法对禁止用人单位招用未满 16 周岁的未成年人进行了明确的原则性规定。自然人的劳动权利能力和劳动行为能力是统一的、不可分割的，同时产生、同时消灭，并具有人身属性，只能由本人依法行使，不允许他人代为行使。对于年满 16 周岁的未成年人和妇女，其劳动权利能力和劳动行为能力是受到一定限制的，限制的目的是对他们特殊的身体状态进行保护，例如我国劳动法规定，未成年人和妇女不得从事井下工作。

2. 法人的劳动权利能力和劳动行为能力

与自然人不同，法人的劳动权利能力和劳动行为能力并非随着时间产生，而是在法人成立后，确定了该法人招工的范围和规模时，才具有劳动权利能力和劳动行为能力，才有资格进行招工，参与劳动法律关系。

法人是一个法律概念，其劳动权利能力和劳动行为能力都需要通过自己的职能机构或者代理人实现，并对他们行为的后果负责。

通常来讲，法人可以依法行使劳动用工权，直接向社会招工，但法律另有规定的群体，如退役军人、残疾人等，应当从其特别规定。

（二）劳动法律关系的内容

劳动法律关系的内容，就是劳动法律关系的主体根据劳动法的规定享有的权利和承担的义务，是劳动法律关系的核心和基础。具体而言，即是劳动者（自然人）的权利义务与用人单位（法人）的权利义务。

1. 劳动者的权利义务

根据《劳动法》第3条的规定，劳动者享有平等就业和选择职业的权利、取得劳动报酬的权利、休息休假的权利、获得劳动安全卫生保护的权利、接受职业技能培训的权利、享受社会保险和福利的权利、提请劳动争议处理的权利，以及法律规定的其他劳动权利。劳动者应当承担完成劳动任务、提高职业技能、执行劳动安全卫生规程、遵守劳动纪律和职业道德等义务。

2. 用人单位的权利义务

《劳动法》第4条规定，用人单位应当依法建立和完善规章制度，保障劳动者享有劳动权利和履行劳动义务。用人单位和劳动者在劳动法律关系中的权利义务是相对应的，劳动者的义务即是用人单位的权利，劳动者的权利即是用人单位的义务，用人单位和劳动者应当共同遵守劳动法律关系中己方的权利义务。

具体而言，用人单位享有的权利有：要求劳动者按照合理要求完成工作任务的权利、要求劳动者不断提高职业技能的权利、要求劳动者按要求认真执行劳动安全卫生规程的权利、要求劳动者遵守工作纪律和职业道德的权利。用人单位应当承担的义务有：平等招聘和择优录用的义务、支付劳动报酬的义务、落实劳动者休息休假权的义务、保障劳动者安全卫生和劳动保护的义务、为劳动者提供培训的义务、为劳动者提供社会保险和福利的义务、参与配合劳动争议解决的义务，以及其他对应劳动者权利的法定或约定义务。

（三）劳动法律关系的客体

劳动法律关系的客体是指劳动法律关系的内容所指向的对象，也就是劳动者和用人单位双方的权利义务共同指向的对象，这个对象就是劳动活动。对于劳动者而言，它是劳动者通过用人单位组织的劳动，从而实现劳动权利与义务、创造财富、发展社会；对于用人单位而言，它是通过组织劳动者进行劳动，从而发展生产、创造财富、改善劳动者的生活水平、发展社会。

本部分小结

学完本部分课程，大家对劳动法律关系是否有所了解了呢？本部分主要讲述了劳动法律关系的主体、内容和客体，这些知识和每一位家政服务员的工作、生活都息息相关，大家一定要认真学习。课后大家可以结合实践思考一下，劳动者权利义务、用人单位的权利义务都有哪些呢？

第三节 工会

导 语

工会是家政服务员利益的代表，当家政服务员的合法权益受到侵害时，可以向工会寻求帮助。那么什么是工会呢？我们一起来学习吧！

案例索引

小赵和家政公司因为加班费用的问题产生了纠纷，小赵觉得自己势单力薄，想请工会参与到劳动争议的调解和仲裁中来。

请问：工会可以参与其中，帮小赵争取权益吗？

工会是工人阶级自愿结合、自愿参加的，代表和维护劳动者合法权益的社会团体。根据《中国工会章程》，中国工会是中国共产党领导的职工自愿结合的工人阶级群众组织，是党联系职工群众的桥梁和纽带，是国家政权的重要社会支柱，是会员和职工利益的代表。

一、工会的性质与地位

工会的性质是“中国共产党领导的职工自愿结合的工人阶级群众组织”。中华全国总工会、地方总工会和产业工会具有社会团体法人资格，基层工会组织具备民法所规定的法人条件的，依法取得社会团体法人资格。

工会在劳动关系的调整中具有重要的地位，工会应当代表和维护劳动者的合法权益，依法独立自主地开展活动。工会在调整劳动关系和保障劳动者权益方面，和劳动法的宗旨是一致的，工会代表劳动者，工会工作人员要站在劳动者的立场上，为工人（劳动者）争取权益、解决困难、做好服务。

二、工会的职权与作用

维护职工的合法权益是工会的基本职责。根据《劳动法》和《工会法》的规定，工会的主要职权和作用有：代表职工与企业签订集体合同；用人单位解除劳动合同，工会认为不适当的，有权提出意见；用人单位裁员，应当向工会说明情况，听取工会意见；用人单位需要延长工作时间的，应与工会和劳动者协商。同时，工会还有权参与劳动争议的调解和仲裁，有权对用人单位遵守劳动法相关各项规定的情况进行监督。

本部分小结

学完本部分课程，大家对工会是否有所了解了呢？课后大家可以结合实践思考一下，工会有哪些职权和作用？

第四节 劳动合同

导 语

当家政服务员和雇主之间发生法律纠纷时，劳动合同是重要的依据和证据。那么什么是劳动合同，家政服务员又该如何根据劳动合同保护自己的权益呢？我们一起来学习一下吧！

案例索引

保姆刘阿姨和某家政公司签订了劳动合同，被家政公司派遣到赵某家照看孩子。刘阿姨在带孩子的过程中不慎受伤，想向赵某主张工伤，但是赵某却说她和刘阿姨之间不是劳动关系而是劳务关系，刘阿姨应该向家政公司主张工伤和实现相关权利。

请问：刘阿姨应该向谁主张自己工伤之后的相关权利呢？

一、劳动合同的定义、特征及分类

（一）劳动合同的定义

劳动合同是指劳动力的使用方与劳动力的提供方之间，即用人单位与劳动者之间，明确在劳动力的使用和出让中双方的权利和义务的合意和协定。根据这一合意和协定，劳动者参加用人单位成为其成员，按照规定或规章，完成用人单位规定的劳动任务；用人单位提供相应的劳动条件，并按照规定或约定，向劳动者支付劳动报酬。劳动合同是劳动者与用人单位之间成立劳动关系的重要法律依据和表现形式。

（二）劳动合同的特征

劳动合同要遵守自由意志原则，但与普通民事合同不同，由于劳动法还具有社会法的属性，要更多地体现和服从国家干预，接受国家意志即法律法规的调整和规范，以保护劳动关系中处于弱势一方的劳动者，因此，劳动合同在主体、内容和履行等方面都具有特殊性。

1. 主体的特定性与法律从属性

首先，劳动合同必须是劳动力的使用方与劳动力的提供方之间订立的合同。其中的劳动力使用方，也就是用人单位，根据我国法律规定，必须是一个法人，是一个组织体。而劳动力提供方，无论是中国人还是外国人，都必须是一个自然人。此外，劳动合同的双方一经确定，他人或其他组织不得代为承受履行。

其次，在劳动合同中，用人单位和劳动者在法律地位上平等，但同时，在劳动法律关系中具有从属性。这是说，在劳动合同履行的过程中，也就是在工作过程中，劳动者要成为用人单位的成员之一，服从用人单位的管理和指挥，按要求完成被要求的工作内容或工作任务。这种从属性并非人身的从属性，劳动者在人身关系上绝不从属于用人单位，只是在用人单位与劳动者双方法律地位平等的基础上，在具体的劳动法关系，也就是双方的权利义务中体现出来的用人单位对劳动者的指挥管理，以及劳动者对用人单位指挥和管理的服从。与用人单位的指挥管理相伴随的，还有其对劳动者工作内容的监督检查、惩罚的权利。

2. 内容的强制性

普通的民事合同，只要在合同内容不违反法律强制性规定，不损害国家、社会或第三人利益的前提下，合同当事人即可自由协商确定合同的内容。但劳动合同并非如此，而是体现出较强的国家干预，合同当事人意思自治受到了一定的限制。劳动合同的内容首先要符合法律法规的强制性规定，才能在此基础上由当事人对具体的合同内容进行协商。

3. 履行的持续性

劳动合同的履行是一个较为长期的过程，在这一过程中，劳动合同的双方当事人要持续地履行义务和享有权利。这种持续性是为了实现用人单位和劳动者签订劳动合同的目的。这一点也使劳动合同区别于普通的民事合同，特别是劳务合同。

（三）劳动合同的分类

1. 固定期限劳动合同、无固定期限劳动合同与以完成一定工作为期限的劳动合同

根据我国劳动法的规定，以劳动合同约定的合同终止时间为依据，可以将劳动合同分为固定期限劳动合同、无固定期限劳动合同与以完成一定工作为期限的劳动合同。

在固定期限劳动合同中，劳动者和用人单位先行约定了劳动法律关系的终止时间，合同期限届满后，双方的劳动合同关系随之终止。当然，在双方都同意的情况下，也可以续订劳动合同。固定期限劳动合同可以使用人单位与劳动者在一定时间

段中关系相对稳定，同时具有灵活性，既方便用人单位的雇佣安排，也有利于劳动者灵活选择就业，还有利于劳动力的自由流动。

在无固定期限劳动合同中，劳动者和用人单位并不先行约定劳动法律关系的终止时间，只要没有法定的单方解除情形发生，劳动关系就持续存在，直到劳动者退休或者用人单位主体消灭为止。无固定期限劳动合同使得合同双方关系较为稳定，有利于增强用人单位的凝聚力和向心力，也有利于劳动者就业的稳定。

在以完成一定工作为期限的劳动合同中，劳动者和用人单位的劳动法律关系以某项工作的完成为期限，该项工作一经完成，劳动合同即行终止。以完成一定工作为期限的劳动合同常见于工程项目中，如铁路、公路、建筑工程的修建，这些项目具有特殊性，难以提前确定完成的具体时间，因此以完成之日为劳动关系终止的时间。此类合同本质上依然是有期限的劳动合同，只是事先无法确定合同终止的确切日期罢了。

2. 劳动合同与聘用合同

劳动合同多适用于企业型的用人单位，而事业单位和社会团体与其劳动者之间一般是订立聘用合同。劳动合同与聘用合同都是劳动者与用人单位之间确定劳动法律关系的依据，本质上是相同的。

二、劳动合同的订立与效力

我国《劳动合同法》第 3 条第 1 款规定，订立劳动合同，应当遵循合法、公平、平等自愿、协商一致、诚实信用的原则。这是劳动者和用人单位在订立劳动合同时应当遵循的理念和原则，也从某种程度上决定了劳动合同的效力。进一步讲，劳动合同要更多体现国家的强制干预，劳动法律关系要受到法律的规范和调整，因此合同双方不仅要遵从一般合同订立的原则，还要依照法律法规的强制性规定，遵守严格的程序，体现强制性的内容，以保证劳动关系的确立以及劳动过程和劳动目的的顺利实现。

三、劳动合同的内容

劳动合同应当具备以下条款：

（1）用人单位的名称、住所和法定代表人或者主要负责人；

（2）劳动者的姓名、住址和居民身份证或者其他有效身份证件号码；

（3）劳动合同期限；

（4）工作内容和工作地点；

（5）工作时间和休息休假；

（6）劳动报酬；

（7）社会保险；

（8）劳动保护、劳动条件和职业危害防护；

（9）法律、法规规定应当纳入劳动合同的其他事项。

除上述必备条款外，用人单位与劳动者还可以在劳动合同中约定试用期、培训、保守秘密、补充保险和福利待遇等其他事项。

四、劳动合同的履行与变更

（一）劳动合同的履行

1. 劳动合同履行的概念和原则

劳动合同履行是指合同双方当事人履行劳动合同所规定的义务的法律行为。劳动合同的履行应遵循以下原则：

（1）全面履行原则。劳动合同双方当事人在任何时候，均应当履行劳动合同约定的全部义务。

（2）合法履行原则。劳动合同双方当事人在履行劳动合同过程中，必须遵守法律法规，不得有违法行为。

1）用人单位应当按照劳动合同约定和国家规定及时足额支付劳动报酬。用人单位拖欠或者未足额支付劳动报酬的，劳动者可以依法向当地人民法院申请支付令，人民法院应当依法发出支付令。

2）用人单位应当严格执行劳动定额标准，不得强迫或者变相强迫劳动者加班。用人单位安排加班的，应当按照国家有关规定向劳动者支付加班费。

3）劳动者对用人单位管理人员违章指挥、强令冒险作业有权拒绝，不视为违反劳动合同；对危害生命安全和身体健康的劳动条件，有权对用人单位提出批评、检举和控告。

2. 特殊情形下劳动合同的履行规则

（1）用人单位变更名称、法定代表人、主要负责人或者投资人等事项，不影响劳动合同的履行。

（2）用人单位发生合并或者分立等情况，原劳动合同继续有效，劳动合同由承继其权利义务的用人单位继续履行。

（3）对于劳动合同中内容不明确的条款，应依法确定其具体内容，然后予以履行。

（4）劳动者在一定条件下还应履行约定之外的劳动给付。

（二）劳动合同的变更

劳动合同的变更，是指在劳动合同履行期间，劳动合同双方当事人协商一致后改变劳动合同的内容的法律行为。

劳动合同的变更，仅限于劳动合同内容的变化，不能是主体的变更。

五、劳动合同的解除

（一）劳动合同解除的概念与类型

劳动合同的解除，是指劳动合同签订以后，尚未履行完毕之前，由于一定事由的出现，当事人提前终止劳动合同的法律行为。

按照不同的标准，劳动合同解除可分为不同的类型：

（1）按照合同解除的方式不同，可分为双方解除和单方解除；

（2）按照合同解除条件的依据是法律还是约定，可分为法定解除和协议解除。

（二）劳动合同解除的条件和程序

1. 劳动合同的双方解除（协议解除）

经劳动合同当事人协商一致，劳动合同可以解除。

2. 用人单位单方解除劳动合同（法定解除）

用人单位单方解除劳动合同，必须符合法定条件和按照法定程序进行。

（1）即时辞退。

即时辞退指用人单位可以不必依法提前预告而立即解除劳动合同的行为。

适用即时辞退的情况有：

1）劳动者在试用期间被证明不符合录用条件的；

2）劳动者严重违反劳动纪律或者用人单位的规章制度的；

3）劳动者严重失职，营私舞弊，对用人单位利益造成重大损害的；

4）劳动者同时与其他用人单位建立劳动关系，对完成本单位的工作任务造成严重影响，或者经用人单位提出，拒不改正的；

5）以欺诈、胁迫的手段或者乘人之危，使对方在违背真实意思的情况下订立或者变更劳动合同致使劳动合同无效的；

6）劳动者被依法追究刑事责任的。

（2）预告辞退。

预告辞退是指由于客观情况发生了变化或劳动者患病、非因公伤残等，用人单位在采取弥补措施无果的情况下，法律赋予用人单位在履行特定程序后解除劳动合同的权利。

有下列情形之一的，用人单位提前 30 日以书面形式通知劳动者本人或者额外支付劳动者 1 个月工资后，可以解除劳动合同：

1）劳动者患病或者非因工负伤，在规定的医疗期满后不能从事原工作，也不能从事由用人单位另行安排的工作的；

2）劳动者不能胜任工作，经过培训或者调整工作岗位，仍不能胜任工作的；

3）劳动合同订立时所依据的客观情况发生重大变化，致使劳动合同无法履行，经用人单位与劳动者协商，未能就变更劳动合同内容达成协议的。

劳动者有下列情形之一的，用人单位不得预告辞退：

1）从事接触职业病危害作业的劳动者未进行离岗前职业健康检查，或者疑似职业病病人在诊断或者医学观察期间的；

2）在本单位患职业病或者因工负伤并被确认丧失或者部分丧失劳动能力的；

3）患病或者非因工负伤，在规定的医疗期内的；

4）女职工在孕期、产期、哺乳期的；

5）在本单位连续工作满 15 年，且距法定退休年龄不足 5 年的；

6）法律、行政法规规定的其他情形。

（3）经济性裁员。

经济性裁员是指因经济性原因，企业濒临破产，被人民法院宣告进入法定整顿期间，或因生产经营发生严重困难，达到当地政府规定的严重困难企业标准而难以正常经营的状况下，通过裁员而达到增效目的。

《劳动合同法》第 41 条规定，有下列情形之一，需要裁减人员 20 人以上或者裁减不足 20 人但占企业职工总数 10%以上的，用人单位提前 30 日向工会或者全体职工说明情况，听取工会或者职工的意见后，裁减人员方案经向劳动行政部门报告，可以裁减人员：

1）依照企业破产法规定进行重整的；

2）生产经营发生严重困难的；

3）企业转产、重大技术革新或者经营方式调整，经变更劳动合同后，仍需裁减人员的；

4）其他因劳动合同订立时所依据的客观经济情况发生重大变化，致使劳动合同无法履行的。

裁减人员时，应当优先留用下列人员：

1）与本单位订立较长期限的固定期限劳动合同的；

2）与本单位订立无固定期限劳动合同的；

3）家庭无其他就业人员，有需要扶养的老人或者未成年人的。

用人单位依照该条第 1 款规定裁减人员，在 6 个月内重新招用人员的，应当通知被裁减的人员，并在同等条件下优先招用被裁减的人员。

3. 劳动者单方解除劳动合同（法定解除）

劳动者单方解除劳动合同，必须符合法定条件和按照法定程序进行。劳动者单方解除劳动合同，分为即时辞职和预告辞职两种类型。

（1）即时辞职。

与法律规定的用人单位即时辞退相适应，劳动者在用人单位有下列情形之一时，也享有即时解除劳动合同的权利：

1）未按照劳动合同约定提供劳动保护或者劳动条件的；

2）未及时足额支付劳动报酬的；

3）未依法为劳动者缴纳社会保险费的；

4）用人单位的规章制度违反法律、法规的规定，损害劳动者权益的；

5）以欺诈、胁迫的手段或者乘人之危，使对方在违背真实意思的情况下订立或者变更劳动合同致使劳动合同无效的；

6）法律、行政法规规定劳动者可以解除劳动合同的其他情形；

7）用人单位以暴力、威胁或者非法限制人身自由的手段强迫劳动者劳动的，或者用人单位违章指挥、强令冒险作业危及劳动者人身安全的，劳动者可以立即解除劳动合同，不需事先告知用人单位。

【提示】第 1）至 6）项的解除，劳动者有预先告知用人单位的义务。

（2）预告辞职。

1）劳动者提前 30 日以书面形式通知用人单位，可以解除劳动合同。

2）劳动者在试用期内提前 3 日通知用人单位，可以解除劳动合同。

（三）劳动合同解除的法律后果

1. 用人单位的义务

劳动合同解除后，用人单位负有以下几方面的义务：

（1）支付经济补偿金的义务。

劳动合同解除的经济补偿，是指用人单位在协议解除劳动合同或者预告辞退、经济性裁员的情况下，按照法律的规定支付给劳动者的补偿金。

有下列情形之一的，用人单位应当向劳动者支付经济补偿：

（1）劳动者依照《劳动合同法》第 38 条规定解除劳动合同的；

（2）用人单位依照《劳动合同法》第 36 条规定向劳动者提出解除劳动合同并与劳动者协商一致解除劳动合同的；

（3）用人单位依照《劳动合同法》第 40 条规定解除劳动合同的；

（4）用人单位依照《劳动合同法》第 41 条第 1 款规定解除劳动合同的；

（5）除用人单位维持或者提高劳动合同约定条件续订劳动合同，劳动者不同意续订的情形外，依照《劳动合同法》第 44 条第 1 项规定终止固定期限劳动合同的；

（6）依照《劳动合同法》第 44 条第 4 项、第 5 项规定终止劳动合同的；

（7）法律、行政法规规定的其他情形。

经济补偿按劳动者在本单位工作的年限，每满 1 年支付 1 个月工资的标准向劳动者支付。6 个月以上不满 1 年的，按 1 年计算；不满 6 个月的，向劳动者支付半个月工资的经济补偿。

劳动者月工资高于用人单位所在直辖市、设区的市级人民政府公布的本地区上年度职工月平均工资三倍的，向其支付经济补偿的标准按职工月平均工资三倍的数额支付，向其支付经济补偿的年限最高不超过 12 年。

（2）违法解除劳动合同的经济赔偿。

根据《劳动合同法》第 48 条的规定，用人单位违反劳动合同法规定的条件解除或者终止劳动合同，劳动者享有选择权，可以要求用人单位继续履行劳动合同，如果用人单位能够履行的，应当继续履行；如果劳动者不要求继续履行劳动合同或者劳动合同已经不能继续履行的，用人单位应当依照《劳动合同法》第 87 条规定支付赔偿金，即应当依照《劳动合同法》第 47 条规定的经济补偿标准的二倍向劳动者支付赔偿金。

根据《劳动合同法实施条例》第 25 条的规定，用人单位违反《劳动合同法》

的规定解除或者终止劳动合同，依照《劳动合同法》第 87 条的规定支付了赔偿金的，不再支付经济补偿。赔偿金的计算年限自用工之日起计算。

根据《劳动合同法》第 85 条的规定，解除或者终止劳动合同，未依照该法规定向劳动者支付经济补偿的，劳动行政部门可以责令用人单位按应付金额 50%以上 100%以下的标准向劳动者加付赔偿金。

（3）其他义务。

解除劳动关系后，用人单位应当向劳动者支付经济补偿的，补偿金在办结工作交接时支付。

用人单位应当在解除或者终止劳动合同时，出具解除或者终止劳动合同的证明，并在 15 日内为劳动者办理档案和社会保险关系转移手续。

用人单位出具的解除、终止劳动合同的证明，应当写明劳动合同期限、解除或者终止劳动合同的日期、工作岗位、在本单位的工作年限。

用人单位对已经解除或者终止的劳动合同的文本，至少保存 2 年备查。

2. 劳动者的义务

（1）结束并移交工作事务。

（2）违法解除劳动合同的，承担赔偿责任。

六、劳动合同的终止

（一）劳动合同终止的概念

劳动合同的终止，是指劳动合同订立后，因法律规定的法律事实产生或出现，从而消灭劳动合同所确定的权利义务。

（二）劳动合同终止的情形

《劳动法》第 23 条规定："劳动合同期满或者当事人约定的劳动合同终止条件出现，劳动合同即行终止。"

（三）劳动合同法的补充规定

（1）取消劳动合同的约定终止，规定劳动合同只能因法定情形出现而终止。

（2）增加劳动合同终止的法定情形，劳动合同终止的法定情形除劳动合同期满外，还包括以下情形：

1）劳动者开始依法享受基本养老保险待遇的；

2）劳动者死亡，或者被人民法院宣告死亡或者宣告失踪的；

3）用人单位被依法宣告破产的；

4）用人单位被吊销营业执照、责令关闭、撤销或者用人单位决定提前解散的；

5）法律、行政法规规定的其他情形。

（3）增加终止劳动合同的限制情形。

1）《工会法》规定，基层工会专职主席、副主席或者委员自任职之日起，其劳动合同期限自动延长，延长期限相当于其任职期间；非专职主席、副主席或者委员自任职之日起，其尚未履行的劳动合同期限短于任期的，劳动合同期限自动延长至任期期满。但是，任职期间个人严重过失或者达到法定退休年龄的除外。

2）劳动部《关于贯彻执行〈中华人民共和国劳动法〉若干问题的意见》规定，除《劳动法》第25条规定的情形（在试用期间被证明不符合录用条件的；严重违反劳动纪律或者用人单位规章制度的；严重失职，营私舞弊，对用人单位利益造成重大损害的；被依法追究刑事责任的）外，劳动者在医疗期、孕期、产期和哺乳期内，劳动合同期限届满时，用人单位不得终止劳动合同。劳动合同的期限应自动延续至医疗期、孕期、产期和哺乳期期满为止。

3）《工伤保险条例》第35条规定，职工因工致残被鉴定为一级至四级伤残的（丧失劳动能力），保留劳动关系，退出工作岗位。换言之，劳动者被鉴定为丧失劳动能力的，无论其劳动能力是否恢复，用人单位都不得终止劳动合同，直至劳动者达到退休年龄并办理退休手续。

第36条规定，职工因工致残被鉴定为五级、六级伤残的（部分丧失劳动能力），经工伤职工本人提出，该职工可以与用人单位解除或者终止劳动关系。换言之，如果工伤职工本人没有提出，不管其劳动能力是否恢复，劳动合同就不得终止。

4）《职业病防治法》规定，用人单位对未进行离岗前职业健康检查的劳动者不得终止与其订立的劳动合同；在疑似职业病病人诊断或者医学观察期间，不得终止与其订立的劳动合同。《劳动合同法》除延续《工会法》《职业病防治法》等以上规定外，还补充规定，劳动者在本单位连续工作满15年，且距法定退休年龄不足5年的，即使劳动合同期满，用人单位也不得与劳动者终止劳动合同。

七、劳动合同与劳务合同的区别

（一）主体不同

劳务合同的主体可以是自然人、法人或非法人组织。

劳动合同主体特定，一方只能是用人单位，另一方只能是自然人。

（二）主体法律地位不同

劳务合同的主体无论在合同签订前还是合同履行过程中，双方当事人的法律地位都是平等的。

在劳动合同签订前和履行过程中，劳动者和用人单位地位平等；在劳动合同签订后，用人单位和劳动者存在管理和被管理关系。

（三）内容不同

劳务合同所追求的目标是物化的或非物化的劳动成果。

劳动合同虽然也涉及具体的劳动数量和质量，但它一般不是劳动合同的根本目标，其根本目标应是劳动者提供的劳动行为，即劳动者在一定劳动条件下的具体劳动过程。

（四）劳动风险承担不同

在生产资料的使用归属上，劳务合同中劳务提供者所使用的生产资料由自己来提供，而且由劳务提供者承担生产资料与劳务活动相结合的过程中所带来的各种风险。

劳动合同中劳动者使用的生产资料由用人单位提供，劳动者不承担生产劳动过程中的各种风险。

（五）酬金计算和反映的性质不同

劳务合同的酬金计算以市场价格来衡量，其支付方式及次数由双方约定。

劳动合同的报酬计算以法律的规定以及当事人约定来衡量，其支付方式及支付时间受到劳动法律、法规的严格制约。

（六）适用法律不同

劳务合同主要由民法调整。劳动合同适用劳动法律、法规调整。

八、劳务派遣下的劳动合同

（一）劳务派遣的概念

劳务派遣是指劳务派遣单位（用人单位）与被派遣劳动者订立劳动合同后，再与接受以劳务派遣形式用工的单位（用工单位）订立劳务派遣协议，将被派遣劳动者派遣至用工单位，从而形成的一种用工形式。

劳务派遣的法律关系涉及被派遣劳动者、用人单位、用工单位三方。

（二）劳务派遣的特殊规定

1. 劳务派遣单位的设立

只有依法设立的能够独立承担民事法律责任，且具备一定经济实力以承担对被派遣劳动者义务的公司法人才能专门从事劳务派遣经营。

2. 劳务派遣单位与被派遣劳动者订立的劳动合同

劳务派遣单位与被派遣劳动者订立的劳动合同，除应当载明《劳动合同法》第17条规定的劳动合同条款外，还应当载明被派遣劳动者的用工单位以及派遣期限、工作岗位等情况。

劳务派遣单位应当与被派遣劳动者订立2年以上的固定期限劳动合同，按月支付劳动报酬；被派遣劳动者在无工作期间，劳务派遣单位应当按照所在地人民政府规定的最低工资标准，向其按月支付报酬。

3. 用工单位应当履行的义务

（1）用工单位应当执行国家劳动标准，提供相应的劳动条件和劳动保护；

（2）告知被派遣劳动者的工作要求和劳动报酬；

（3）支付加班费、绩效奖金，提供与工作岗位相关的福利待遇；

（4）对在岗被派遣劳动者进行工作岗位所必需的培训；

（5）连续用工的，实行正常的工资调整机制；

（6）应当按照劳务派遣协议使用被派遣劳动者，不得将被派遣劳动者再派遣到其他用人单位。

4. 劳务派遣单位与用工单位之间的关系

劳务派遣单位应当与用工单位订立劳务派遣协议。

劳务派遣协议应当约定派遣岗位和人员数量、派遣期限、劳动报酬和社会保险费的数额与支付方式以及违反协议的责任。

用工单位不得将连续用工期限分割订立数个短期劳务派遣协议。

劳务派遣单位应当将劳务派遣协议的内容告知被派遣劳动者，不得克扣用工单位按照劳务派遣协议支付给被派遣劳动者的劳动报酬。

5. 被派遣劳动者的权利

（1）劳务派遣单位跨地区派遣劳动者的，被派遣劳动者享有的劳动报酬和劳动条件，按照用工单位所在地的标准执行；

（2）被派遣劳动者享有与用工单位的劳动者同工同酬的权利；

（3）被派遣劳动者有权在劳务派遣单位或者用工单位依法参加或者组织工会，维护自身的合法权益。

6. 劳务派遣岗位的范围

劳务派遣一般在临时性、辅助性或者替代性的工作岗位上实施。

7. 用工单位与劳务派遣单位承担连带责任

（1）在被派遣劳动者合法权益受到侵害时，用工单位与劳务派遣单位承担连带赔偿责任。

（2）用人单位或者其所属单位出资或者合伙设立劳务派遣单位，向本单位或者所属单位派遣劳动者的，属于我国《劳动合同法》第 67 条规定的不得设立的劳务派遣单位。

（3）劳务派遣单位不得以非全日制用工形式招用被派遣劳动者。

九、非全日制用工

（一）非全日制用工的概念

非全日制用工，是指以小时计酬为主，劳动者在同一用人单位一般平均每日工作时间不超过 4 小时，每周工作时间累计不超过 24 小时的用工形式。

（二）非全日制用工的特殊规定

非全日制用工适用一些特殊规定：

（1）从事非全日制用工的劳动者可以与一个或者一个以上用人单位订立劳动合同，但后订立的劳动合同不得影响先订立的劳动合同的履行。

（2）非全日制用工双方当事人可以订立口头协议。

（3）非全日制用工双方当事人不得约定试用期。非全日制用工双方当事人任何一方都可以随时通知对方终止用工。终止用工时，用人单位不向劳动者支付经济补偿。

（4）非全日制用工小时计酬标准不得低于用人单位所在地人民政府规定的最低小时工资标准。

（5）非全日制用工劳动报酬结算支付周期最长不得超过 15 日。

本部分小结

学完本部分课程，大家对劳动合同是否有所了解了呢？本部分主要讲述了劳动合同的定义、特征和分类，劳动合同的订立、效力、内容、履行与变更、解除与终止，以及劳动合同与劳务合同的区别、劳务派遣下的劳动合同、非全日制用工等内容，这些知识和每一位家政服务员的工作、生活都密切相关，大家一定要认真学习。课后请大家回顾相关知识，并回答：

1. 劳动合同与劳务合同有什么区别？
2. 劳务派遣中，被派遣劳动者有哪些权利？
3. 劳动合同解除有什么法律后果？

第五节　工资

导 语

工资是家政服务员提供家政服务后应得的报酬，也是家政服务员最关心的劳动权利之一。那么工资在劳动法上是如何规定的呢？我们一起来学习吧！

案例索引

保姆小周所在的家政公司以她还处于试用期为由，拒绝给她发任何工资。但是小周听说即使是试用期，也应该依照试用期的标准发工资，并且不应低于用人单位所在地的最低工资标准。

请问：小周的工资应该如何确定呢？

一、工资的概念和特征

（一）工资的概念

工资也称薪金，是指劳动者因履行劳动合同义务获得的，用人单位以法定或约定方式向劳动者支付的劳动报酬。

工资有多种称谓，例如奖金、津贴、计时工资、计件工资、补贴等等。

有的劳动收入不属于工资的范畴，具体包含以下几类：（1）用人单位支付给劳动者个人的社会保险福利费用，例如计划生育补贴、生活困难补助费等；（2）劳动保护方面的费用，例如用人单位支付的工作服费用；（3）按照规定没有纳入工资总额的劳动报酬和其他劳动收入，例如讲课费、稿费、国家奖励等；（4）解除劳动关系时支付的一次性补偿费。

（二）工资的特征

（1）工资是基于劳动者与用人单位之间的劳动关系产生的。

（2）工资标准的确定依据是劳动法、集体合同、劳动合同的规定和约定。

（3）工资的形式及支付方式是法定的。

（4）工资体现了国家与劳动关系主体之间、劳动关系主体之间的双重属性。

二、工资基准与工资集体协商、工资自决的关系

工资基准、工资集体协商、工资自决是确定工资的几种法律途径，三者之间具有紧密的关联。

工资基准是劳动基准的组成部分。劳动基准是国家立法规定的最低劳动标准，即劳动者在劳动关系中劳动条件的法定最低标准。工资基准是指国家立法规定的用人单位在签订劳动合同、核算和支付劳动者工资时所应遵守的最低标准。

工资集体协商是指通过工会代表职工与企业经营者依法就企业工资分配制度、分配形式、收入水平等事项进行平等协商，实现劳动关系双方共同参与、共同决定劳动者工资的一种收入分配方式，是工资正常增长机制和支付保障机制中的重要组成部分。

工资自决包括工资分配方式确定权和工资水平确定权。

工资基准属公法上的关系，反映的是国家与用人单位、劳动者之间的物质利益关系；工资集体协商、工资自决属私法上的关系，反映的是用人单位与劳动者之间的物质利益关系。

三、工资形式及构成

（一）工资形式

工资形式是指计量劳动和支付工资的形式。

1. 计时工资

计时工资是指按照单位时间工资率（计时工资标准）和工作时间支付劳动者个人工资的一种形式。

计时工资可以分为月工资制、日工资制和小时工资制三种。

2. 计件工资

计件工资是指按照劳动者完成的合格产品的数量和预先规定的计件单位计算工资的形式。它是用一定时间内的劳动成果来计算的工资，即用间接劳动时间来计算，因此它是计时工资的转化形式。计件工资的优点是能够使劳动成果与劳动报酬直接联系起来，更好地体现了按劳分配的原则；缺点是容易因追求数量而忽视质量。计件工资的使用范围不具有普遍性，一般适用于劳动工序简单独立、工作量能精确计算、产品质量有国家或者行业明确标准的企业。

3. 年薪

年薪是指对符合一定条件的劳动者，以一个账务年度为核算工资依据计发劳动报酬的工资形式。年薪制通常适用于企业高级管理人员，如总经理（厂长）、董事、监事等。

（二）工资构成

工资构成即指工资总额由几部分相互联系的内容组成。

《劳动法》第 47 条规定："用人单位根据本单位的生产经营特点和经济效益，依法自主确定本单位的工资分配方式和工资水平。"

最常见的工资构成单元有以下几种。

1. 基本工资

基本工资是指劳动者与用人单位在劳动合同中约定的与工作岗位相适应的相对固定的工资单位。

基本工资的主要特点是：

（1）常规性。

（2）固定性。

（3）主干性。

（4）基准性。

（5）等级性。

2. 奖金

奖金是指用人单位支付给劳动者的超额劳动或相关非基本工资核算要素的报酬。奖金是辅助工资的构成内容之一。

3. 津贴

津贴是指补偿劳动者在特殊条件下的额外劳动消耗和生活费额外支出的工资补充形式。

依据津贴的设置目的和所起的作用，可以将我国现行的津贴分为以下几大类：

（1）为补偿劳动者额外劳动消耗而设置的津贴；

（2）为保障职工身体健康而设置的津贴；

（3）为鼓励职工钻研技术、努力工作而设置的津贴；

（4）为补偿职工的特殊贡献而设置的奖励性津贴。

4. 补贴

补贴是工资构成中较固定和稳定的单元。

四、最低工资

（一）最低工资的概念

最低工资是指劳动者在法定工作时间或劳动合同约定的工作时间内提供了正常劳动的前提下，用人单位依法应当支付的最低劳动报酬。

最低工资标准一般采取月最低工资标准和小时最低工资标准两种形式。月最低工资标准适用于全日制就业劳动者，小时最低工资标准适用于非全日制就业劳动者。

（二）最低工资的法律特征

（1）最低工资的保障范围是劳动者个人及其家庭成员的基本生活需要。

（2）最低工资是国家通过立法确定的法定标准。

（3）最低工资是劳动者获得劳动报酬的最低标准。

【提示】 最低工资额与用人单位相同岗位最低档工资是不同的概念。用人单位相同岗位最低档工资是各工种（岗位）的最低一级工资标准。

《劳动合同法》第 20 条规定：劳动者在试用期的工资不得低于本单位相同岗位最低档工资或者劳动合同约定工资的 80%，并不得低于用人单位所在地的最低工资标准。

（三）最低工资标准的适用范围

1. 最低工资标准适用的主体范围

凡在中华人民共和国境内的企业、民办非企业单位、有雇工的个体工商户和与之形成劳动关系的劳动者，国家机关、事业单位、社会团体和与之建立劳动关系的劳动者，均应适用最低工资标准。

2. 最低工资标准适用的时间范围

劳动者享受最低工资制度保障的时间范围，应当是在法定工作时间或依法签订的劳动合同约定的工作时间内。

不适用最低工资标准的情形有以下几种：

（1）劳动者在工作时间内有迟到、早退、旷工等违纪行为。

（2）职工处于下岗待工期间。

（3）职工因患病或非因工负伤处于治疗期间。

（4）职工处于非带薪假期间。

3. 最低工资标准适用的劳动种类范围

劳动者只有在法定或依法约定的工作时间内提供了正常劳动的，才有权享受最低工资保障。

（四）最低工资的计算和支付

1. 最低工资的计算

（1）我国计算最低工资应剔除下列各项：1）延长工作时间工资；2）中班、夜班、高温、井下、有毒有害等特殊工作环境、条件下的津贴；3）法律、法规和国家规定的劳动者福利待遇等。

（2）以货币形式支付的住房和用人单位支付的伙食补贴不包括在最低工资范围内。

2. 最低工资的支付

根据我国《劳动法》第 48 条第 2 款和《最低工资规定》的规定，在劳动者提供了正常劳动的情况下，用人单位支付给劳动者的工资在剔除上述各项后不得低于当地最低工资标准。

实行计件工资或提成工资等工资形式的用人单位，在科学合理的劳动定额的基础上，其支付劳动者的工资不得低于相应的最低工资标准。

劳动者与用人单位形成或建立劳动关系后，试用、熟练、见习期间，在法定工作时间内提供了正常劳动，其所在的用人单位应当支付其不低于最低工资标准的工资。因劳动者本人原因给用人单位造成经济损失的，用人单位可按照劳动合同的约定要求赔偿经济损失并可从劳动者本人的工资中扣除。若扣除后的剩余工资部分低于当地月最低工资标准，则按照最低工资标准执行。

劳动者在试用期的工资不得低于本单位相同岗位最低档工资或者劳动合同约定工资的 80%，并不得低于用人单位所在地的最低工资标准。最低工资应当以货币形式支付，不得以实物或有价证券形式替代货币支付。

本部分小结

学完本部分课程，大家对工资是否有所了解了呢？本部分主要讲述了工资的概念和特征、工资形式及构成、最低工资及其计算标准等，这些知识和每一位家政服务员的工作、生活都关系密切。课后大家可以结合实践思考一下，工作后自己拿到的报酬都由哪些部分构成呢？

第六节　劳动争议处理制度

导 语

在家政服务员与雇主之间发生争议，或者出现了其他劳动法律关系相关权益争议后，就需要用劳动争议处理制度解决争议、维护自身的权益了。那么劳动争议处理制度是怎样的呢？我们一起来学习吧！

案例索引

家政服务员小李因为离职的经济补偿和所在的家政公司产生了争议，她想向法院起诉解决，但是家政公司却说要通过劳动仲裁解决。

请问：小李应该怎么处理劳动争议呢？

一、劳动争议概述

（一）劳动争议的概念

劳动争议是指劳动者与用人单位之间所生的争议及用人单位或用人单位团体与工会之间围绕权利、义务以及相关利益所生的争议。

（二）劳动争议的分类

1. 按照争议标的不同，可以分为权利争议与利益争议

（1）权利争议。

权利争议，是指劳资双方依据法律、集体合同、劳动合同的规定，因主张权利存在与否或有无受到侵害或有无履行债务等发生的争议。

（2）利益争议。

利益争议指因为确定或变更劳动条件而发生的争议。

2. 按照争议主体的不同，可以分为个别劳动争议、集体劳动争议和集体合同争议

（1）个别劳动争议。

个别劳动争议发生于劳动者个人与雇主之间，争议的内容一般是劳动合同所约定的劳动权利和义务。这种争议涉及的是具体的劳动者直接的和切身的权益。

（2）集体劳动争议。

集体劳动争议也称为多数人争议，一般为多个劳动者（10 人以上）基于同样的请求与用人单位之间发生的争议。

发生劳动争议的劳动者一方在 10 人以上，并有共同请求的，可以推举代表参加调解、仲裁或者诉讼活动。

（3）集体合同争议。

集体合同争议是指工会与用人单位或其团体之间因为签订、履行集体合同而发生的劳动争议。

集体劳动争议与集体合同争议的区别有以下几点：

1）集体劳动争议是关于劳动合同的争议；集体合同争议是关于集体合同的争议。

2）集体劳动争议的主体为基于各自独立请求权利的个人，一方是劳动者本人，另一方是用人单位；集体合同争议的一方是工会，另一方是用人单位或其团体。

3）集体合同争议涉及的是劳动者群体即全体职工的整体利益，在利益构成上

具有不可分性；而集体劳动争议虽然也具有与用人单位发生劳动争议的共同理由，但其权利构成是各自独立的，具有可分性。

4）集体劳动争议只对争议人发生影响，对其他劳动者不具有法律意义；集体合同争议解决的后果对全体劳动者具有影响，对全体劳动者具有法律意义。

（三）劳动争议的受案范围

1. 我国《劳动争议调解仲裁法》的规定

根据我国《劳动争议调解仲裁法》第 2 条的规定，劳动争议处理机构的受案范围包括以下几个方面：

（1）因确认劳动关系发生的争议；

（2）因订立、履行、变更、解除和终止劳动合同发生的争议；

（3）因除名、辞退和辞职、离职发生的争议；

（4）因工作时间、休息休假、社会保险、福利、培训以及劳动保护发生的争议；

（5）因劳动报酬、工伤医疗费、经济补偿或者赔偿金等发生的争议；

（6）法律、法规规定的其他劳动争议。

2. 我国《劳动法》的规定

我国《劳动法》第 84 条规定：因签订集体合同发生争议，当事人协商解决不成的，当地人民政府劳动行政部门可以组织有关各方协调处理。因履行集体合同发生争议，当事人协商解决不成的，可以向劳动争议仲裁委员会申请仲裁；对仲裁裁决不服的，可以自收到仲裁裁决书之日起 15 日内向人民法院提起诉讼。

3. 我国《集体合同规定》的规定

我国《集体合同规定》第 49 条规定：集体协商过程中发生争议，双方当事人不能协商解决的，当事人一方或双方可以书面向劳动保障行政部门提出协调处理申请；未提出申请的，劳动保障行政部门认为必要时也可以进行协调处理。

第 55 条规定，因履行集体合同发生的争议，当事人协商解决不成的，可以依法向劳动争议仲裁委员会申请仲裁。

4. 我国《劳动合同法》的规定

我国《劳动合同法》第 56 条规定：用人单位违反集体合同，侵犯职工劳动权益的，工会可以依法要求用人单位承担责任；因履行集体合同发生争议，经协商解决不成的，工会可以依法申请仲裁、提起诉讼。

5. 我国《就业促进法》的规定

我国《就业促进法》第 62 条规定：违反本法规定，实施就业歧视的，劳动者可以向人民法院提起诉讼。

6. 司法解释的规定

（1）根据 2020 年《最高人民法院关于审理劳动争议案件适用法律问题的解释（一）》的规定，对于下列争议，属于劳动争议，当事人不服劳动争议仲裁机构作出的裁决，可以提起诉讼，人民法院应予受理：

1）劳动者与用人单位在履行劳动合同过程中发生的纠纷；

2）劳动者与用人单位之间没有订立书面劳动合同，但已形成劳动关系后发生的纠纷；

3）劳动者与用人单位因劳动关系是否已经解除或者终止，以及应否支付解除或者终止劳动关系经济补偿金发生的纠纷；

4）劳动者与用人单位解除或者终止劳动关系后，请求用人单位返还其收取的劳动合同定金、保证金、抵押金、抵押物发生的纠纷，或者办理劳动者的人事档案、社会保险关系等移转手续发生的纠纷；

5）劳动者以用人单位未为其办理社会保险手续，且社会保险经办机构不能补办导致其无法享受社会保险待遇为由，要求用人单位赔偿损失发生的纠纷；

6）劳动者退休后，与尚未参加社会保险统筹的原用人单位因追索养老金、医疗费、工伤保险待遇和其他社会保险待遇而发生的纠纷；

7）劳动者因为工伤、职业病，请求用人单位依法给予工伤保险待遇发生的纠纷；

8）劳动者依据《劳动合同法》第 85 条规定，要求用人单位支付加付赔偿金发生的纠纷；

9）因企业自主进行改制发生的纠纷。

但是劳动者请求社会保险经办机构发放社会保险金的纠纷；劳动者与用人单位因住房制度改革产生的公有住房转让纠纷；劳动者对劳动能力鉴定委员会的伤残等级鉴定结论或者对职业病诊断鉴定委员会的职业病诊断鉴定结论的异议纠纷；家庭或者个人与家政服务人员之间的纠纷；个体工匠与帮工、学徒之间的纠纷；农村承包经营户与受雇人之间的纠纷，不属于劳动争议。

（2）根据最高人民法院《关于人民法院审理事业单位人事争议案件若干问题的规定》的规定，人事争议是指事业单位与其工作人员之间因辞职、辞退及履行聘用合同所发生的争议，同时又规定这类争议适用《劳动法》的规定处理。

二、劳动争议处理的原则

（一）合法原则

合法原则，是指劳动争议处理机构在争议处理过程中要依据劳动实体法律和劳动程序法律制度来解决争议。

（二）公正原则

公正原则，是指劳动争议处理机构在处理劳动争议的过程中应以事实为依据，以法律为准绳，忠于争议的客观事实真相，准确适用法律，秉公执法，正确处理劳动争议。

（三）及时处理原则

及时处理原则，是指劳动争议处理机构在处理劳动争议时，在不违反程序性规定的条件下，应当尽快处理劳动争议。这是因为劳动争议不同于一般的民事争议，劳动争议及时处理原则在一定意义上不仅维护了当事人的合法权益，也维护了正常的社会秩序，维护了国家的安定团结。

（四）调解原则

调解原则，是指劳动争议处理机构在处理劳动争议时，根据自愿和合法的原则，以说服劝导的方式，促使双方在互谅互让的基础上达成协议，解决纠纷。

（五）三方原则

三方原则，是各类劳动争议处理机构的组织原则，即在劳动争议处理机构中，应当由雇主、职工和政府主管部门三方的代表参加劳动争议的处理。

三、劳动争议处理机构

（一）劳动争议调解组织

劳动争议调解组织包括以下三类：

（1）企业劳动争议调解委员会；

（2）依法设立的基层人民调解组织；

（3）在乡镇、街道设立的具有劳动争议调解职能的组织。

企业劳动争议调解委员会由职工代表和企业代表组成。职工代表由工会成员担任或者由全体职工推举产生，企业代表由企业负责人指定。企业劳动争议调解委员会主任由工会成员或者双方推举的人员担任。

劳动争议调解组织的调解员应当由公道正派、联系群众、热心调解工作，并具有一定法律知识、政策水平和文化水平的成年公民担任。

（二）劳动争议仲裁委员会

1. 仲裁委员会的设立

根据我国《劳动争议调解仲裁法》的规定，劳动争议仲裁委员会按照统筹规划、合理布局和适应实际需要的原则设立。省、自治区人民政府可以决定在市、县设立；直辖市人民政府可以决定在区、县设立。

直辖市、设区的市也可以设立一个或者若干个劳动争议仲裁委员会。劳动争议仲裁委员会不按行政区划层层设立。

2. 仲裁委员会的组成

劳动争议仲裁委员会由劳动行政部门代表、工会代表和企业方面代表组成。劳动争议仲裁委员会组成人数应当是单数。

3. 仲裁委员会的职责

仲裁委员会的职责是：（1）聘任、解聘专职或者兼职仲裁员；（2）受理劳动争议案件；（3）讨论重大或者疑难的劳动争议案件；（4）对仲裁活动进行监督。劳动争议仲裁委员会下设办事机构，负责办理劳动争议仲裁委员会的日常工作。

（三）劳动争议仲裁员

劳动争议仲裁委员会应当设仲裁员名册。仲裁员应当公道正派并符合下列条件之一：（1）曾任审判员的；（2）从事法律研究、教学工作并具有中级以上职称的；（3）具有法律知识、从事人力资源管理或者工会等专业工作满 5 年的；（4）律师执业满 3 年的。

（四）人民法院

劳动争议处理中的诉讼程序不是必经程序，只有劳动争议当事人对劳动争议仲裁委员会作出的裁决不服，在裁决作出 15 日内向人民法院提起诉讼，该程序才可能启动。

【提示】劳动争议仲裁是诉讼的前置程序。

（五）劳动行政主管部门

（1）《劳动法》第 84 条第 1 款规定："因签订集体合同发生争议，当事人协商解决不成的，当地人民政府劳动行政部门可以组织有关各方协调处理。"

（2）国务院劳动行政部门依照《劳动法》有关规定制定仲裁规则，省、自治区、直辖市人民政府劳动行政部门对本行政区域的劳动争议仲裁工作进行指导。

（3）劳动行政部门行使劳动保障监察职权。

四、个别劳动争议处理程序

（一）协商程序

发生劳动争议，劳动者可以与用人单位协商，也可以请工会或者第三方共同与用人单位协商，达成和解协议。

协商程序的前提是双方自愿，如果一方不愿意协商，或协商失败，可以选择其他程序。协商不是劳动争议处理必经程序。

（二）调解程序

1. 当事人申请

当事人申请劳动争议调解可以书面申请，也可以口头申请。口头申请的，调解组织应当当场记录申请人基本情况、申请调解的争议事项、理由和时间。发生劳动争议的劳动者一方在 10 人以上，并有共同请求的，可以推举代表参加调解活动。

2. 调解

调解劳动争议，应当充分听取双方当事人对事实和理由的陈述，耐心疏导，帮助其达成协议。

3. 达成调解协议

经调解达成协议的，应当制作调解协议书。调解协议书由双方当事人签名或者盖章，经调解员签名并加盖调解组织印章后生效，对双方当事人具有约束力，当事人应当履行。自劳动争议调解组织收到调解申请之日起 15 日内未达成调解协议的，当事人可以依法申请仲裁。

达成调解协议后，一方当事人在协议约定期限内不履行调解协议的，另一方当事人可以依法申请仲裁。

因支付拖欠劳动报酬、工伤医疗费、经济补偿或者赔偿金事项达成调解协议，用人单位在协议约定期限内不履行的，劳动者可以持调解协议书依法向人民法院申请支付令。人民法院应当依法发出支付令。申请支付令被人民法院裁定终结督促程序后，劳动者依据调解协议直接向人民法院提起诉讼的，人民法院应予受理。

【提示】调解不是劳动争议处理必经程序。

（三）仲裁程序

1. 申请

（1）劳动争议申请仲裁的时效期间为 1 年。发生劳动争议的职工一方在 10 人以上，并有共同理由的，可以推举代表参加仲裁活动。代表人数由仲裁委员会确定。申请人申请仲裁应当提交书面仲裁申请，并按照被申请人人数提交副本。

（2）仲裁申请书应当包括以下内容：

1）劳动者的姓名、性别、年龄、职业、工作单位和住所，用人单位的名称、住所和法定代表人或者主要负责人的姓名、职务。

2）仲裁请求和所根据的事实、理由。

3）证据和证据来源、证人姓名和住所。书写仲裁申请确有困难的，可以口头申请，由劳动争议仲裁委员会记入笔录，并告知对方当事人。

2. 受理

劳动争议仲裁委员会收到仲裁申请之日起 5 日内，认为符合受理条件的，应当受理，并通知申请人；认为不符合受理条件的，应当书面通知申请人不予受理，并说明理由。对劳动争议仲裁委员会不予受理或者逾期未作出决定的，申请人可以就该劳动争议事项向人民法院提起诉讼。

劳动争议仲裁委员会受理仲裁申请后，应当在 5 日内将仲裁申请书副本送达被申请人。

被申请人收到仲裁申请书副本后，应当在 10 日内向劳动争议仲裁委员会提交答辩书。劳动争议仲裁委员会收到答辩书后，应当在 5 日内将答辩书副本送达申请人。被申请人未提交答辩书的，不影响仲裁程序的进行。

3. 开庭和裁决

（1）审理准备。

1）劳动争议仲裁委员会裁决劳动争议案件实行仲裁庭制。

仲裁庭由 3 名仲裁员组成，设首席仲裁员。简单劳动争议案件可以由 1 名仲裁员独任仲裁。劳动争议仲裁委员会应当在受理仲裁申请之日起 5 日内将仲裁庭的组成情况书面通知当事人。

2）决定是否回避。

仲裁员有下列情形之一，应当回避，当事人也有权以口头或者书面方式提出回避申请：是本案当事人或者当事人、代理人的近亲属的；与本案有利害关系的；与本案当事人、代理人有其他关系，可能影响公正裁决的；私自会见当事人、代理人，或者接受当事人、代理人的请客送礼的。

劳动争议仲裁委员会对回避申请应当及时作出决定，并以口头或者书面方式通知当事人。

（2）开庭审理。

开庭审理按以下步骤进行：

1）仲裁庭应当在开庭 5 日前，将开庭日期、地点书面通知双方当事人。

2）当事人有正当理由的，可以在开庭 3 日前请求延期开庭。是否延期，由劳动争议仲裁委员会决定。

3）申请人收到书面通知，无正当理由拒不到庭或者未经仲裁庭同意中途退庭的，可以视为撤回仲裁申请。被申请人收到书面通知，无正当理由拒不到庭或者未经仲裁庭同意中途退庭的，可以缺席裁决。

4）仲裁庭对专门性问题认为需要鉴定的，可以交由当事人约定的鉴定机构鉴定；当事人没有约定或者无法达成约定的，由仲裁庭指定的鉴定机构鉴定。根据当事人的请求或者仲裁庭的要求，鉴定机构应当派鉴定人参加开庭。当事人经仲裁庭许可，可以向鉴定人提问。

5）当事人在仲裁过程中有权进行质证和辩论。

6）质证和辩论终结时，首席仲裁员或者独任仲裁员应当征询当事人的最后意见。

7）当事人提供的证据经查证属实的，仲裁庭应当将其作为认定事实的根据。劳动者无法提供由用人单位掌握管理的与仲裁请求有关的证据的，仲裁庭可以要求用人单位在指定期限内提供。用人单位在指定期限内不提供的，应当承担不利后果。

8）仲裁庭应当将开庭情况记入笔录。当事人和其他仲裁参加人认为对自己陈述的记录有遗漏或者差错的，有权申请补正。如果不予补正，应当记录该申请。笔录由仲裁员、记录人员、当事人和其他仲裁参加人签名或者盖章。

9）当事人申请劳动争议仲裁后，可以自行和解。达成和解协议的，可以撤回仲裁申请。仲裁庭在作出裁决前，应当先行调解。调解达成协议的，仲裁庭应当制作调解书。调解书应当写明仲裁请求和当事人协议的结果。调解书由仲裁员签名，加盖劳动争议仲裁委员会印章，送达双方当事人。调解书经双方当事人签收后，发生法律效力。

10）调解不成或者调解书送达前，一方当事人反悔的，仲裁庭应当及时作出裁决。

（3）审理期限。

仲裁庭裁决劳动争议案件，应当自劳动争议仲裁委员会受理仲裁申请之日起 45

日内结束。案情复杂需要延期的，经劳动争议仲裁委员会主任批准，可以延期并书面通知当事人，但是延长期限不得超过 15 日。逾期未作出仲裁裁决的，当事人可以就该劳动争议事项向人民法院提起诉讼。

仲裁庭裁决劳动争议案件时，其中一部分事实已经清楚，可以就该部分先行裁决。

（4）裁决书。

裁决应当按照多数仲裁员的意见作出，少数仲裁员的不同意见应当记入笔录。仲裁庭不能形成多数意见时，裁决应当按照首席仲裁员的意见作出。

裁决书应当载明仲裁请求、争议事实、裁决理由、裁决结果和裁决日期。裁决书由仲裁员签名，加盖劳动争议仲裁委员会印章。对裁决持不同意见的仲裁员，可以签名，也可以不签名。

（5）仲裁的效力。

下列劳动争议，除我国《劳动争议调解仲裁法》另有规定的外，仲裁裁决为终局裁决，裁决书自作出之日起发生法律效力：

1）追索劳动报酬、工伤医疗费、经济补偿或者赔偿金，不超过当地月最低工资标准 12 个月金额的争议；

2）因执行国家的劳动标准在工作时间、休息休假、社会保险等方面发生的争议。

劳动者对上述仲裁裁决不服的，可以自收到仲裁裁决书之日起 15 日内向人民法院提起诉讼。一裁终局是对用人单位而言的，救济的机会只赋予了劳动者，体现了法律的倾斜保护。

当事人对上述规定以外的其他劳动争议案件的仲裁裁决不服的，可以自收到仲裁裁决书之日起 15 日内向人民法院提起诉讼；期满不起诉的，裁决书发生法律效力。

当事人对发生法律效力的调解书、裁决书，应当依照规定的期限履行。一方当事人逾期不履行的，另一方当事人可以依照民事诉讼法的有关规定向人民法院申请执行。受理申请的人民法院应当依法执行。

4. 仲裁程序中的几个重要问题

（1）劳动争议仲裁管辖。

劳动争议仲裁管辖，是指各级仲裁委员会之间、同级仲裁委员会之间，劳动争议案件的分工和权限。

我国《劳动争议调解仲裁法》对劳动争议管辖作出了规定：

1）劳动争议仲裁委员会负责管辖本区域内发生的劳动争议。

2）劳动争议由劳动合同履行地或者用人单位所在地的劳动争议仲裁委员会管辖。

3）双方当事人分别向劳动合同履行地和用人单位所在地的劳动争议仲裁委员会申请仲裁的，由劳动合同履行地的劳动争议仲裁委员会管辖。

（2）劳动争议仲裁参加人。

《劳动争议调解仲裁法》对劳动争议仲裁参加人作出了规定：

1）当事人。发生劳动争议的劳动者和用人单位为劳动争议仲裁案件的双方当事人。劳动者死亡的，由其近亲属或者代理人参加仲裁活动。

劳务派遣单位或者用工单位与劳动者发生劳动争议的，劳务派遣单位和用工单位为共同当事人。

2）第三人。与劳动争议案件的处理结果有利害关系的第三人，可以申请参加仲裁活动或者由劳动争议仲裁委员会通知其参加仲裁活动。

3）代理人。

第一，委托代理人。当事人可以委托代理人参加仲裁活动。委托他人参加仲裁活动，应当向劳动争议仲裁委员会提交有委托人签名或者盖章的委托书，委托书应当载明委托事项和权限。

第二，法定代理人。丧失或者部分丧失民事行为能力的劳动者，由其法定代理人代为参加仲裁活动。

第三，指定代理人。无法定代理人的，由劳动争议仲裁委员会为其指定代理人。

（3）仲裁监督。

用人单位有证据证明我国《劳动争议调解仲裁法》第47条规定的仲裁裁决有下列情形之一，可以自收到仲裁裁决书之日起30日内向劳动争议仲裁委员会所在地的中级人民法院申请撤销裁决：适用法律、法规确有错误的；劳动争议仲裁委员会无管辖权的；违反法定程序的；裁决所根据的证据是伪造的；对方当事人隐瞒了足以影响公正裁决的证据的；仲裁员在仲裁该案时有索贿受贿、徇私舞弊、枉法裁决行为的。

人民法院经组成合议庭审查核实裁决有上述规定情形之一的，应当裁定撤销。

仲裁裁决被人民法院裁定撤销的，当事人可以自收到裁定书之日起15日内就该劳动争议事项向人民法院提起诉讼。

劳动者依据我国《劳动争议调解仲裁法》第48条规定向基层人民法院提起诉讼，用人单位依据《劳动争议调解仲裁法》第49条规定向劳动人事争议仲裁委员会所在地的中级人民法院申请撤销仲裁裁决的，中级人民法院应不予受理；已经受理的，应当裁定驳回申请。被人民法院驳回起诉或者劳动者撤诉的，用人单位可以自收到裁定书之日起30日内，向劳动人事争议仲裁委员会所在地的中级人民法院申请撤销仲裁裁决。用人单位向中级人民法院申请撤销仲裁裁决，中级人民法院作出的驳回申请或者撤销仲裁裁决的裁定为终审裁定。

劳动人事争议仲裁委员会作出终局裁决，劳动者向人民法院申请执行，用人单位向劳动人事争议仲裁委员会所在地的中级人民法院申请撤销的，人民法院应当裁定中止执行。用人单位撤回撤销终局裁决申请或者其申请被驳回的，人民法院应当裁定恢复执行。仲裁裁决被撤销的，人民法院应当裁定终结执行。用人单位向人民法院申请撤销仲裁裁决被驳回后，又在执行程序中以相同理由提出不予执行抗辩的，人民法院不予支持。

（4）仲裁时效。

劳动争议申请仲裁的时效期间为1年。仲裁时效期间从当事人知道或者应当知道其权利被侵害之日起计算。

仲裁时效因当事人一方向对方当事人主张权利，或者向有关部门请求权利救济，或者对方当事人同意履行义务而中断。从中断时起，仲裁时效期间重新计算。

因不可抗力或者有其他正当理由，当事人不能在规定的仲裁时效期间申请仲裁的，仲裁时效中止。从中止时效的原因消除之日起，仲裁时效期间继续计算。

劳动关系存续期间因拖欠劳动报酬发生争议的，劳动者申请仲裁不受1年的仲裁时效期间的限制；但是，劳动关系终止的，应当自劳动关系终止之日起1年内提出。

（5）先予执行。

仲裁庭对追索劳动报酬、工伤医疗费、经济补偿或者赔偿金的案件，根据当事人的申请，可以裁决先予执行，移送人民法院执行。

仲裁庭裁决先予执行的，应当符合下列条件：当事人之间权利义务关系明确；不先予执行将严重影响申请人的生活。

劳动者申请先予执行的，可以不提供担保。

（四）诉讼程序

劳动争议处理中的诉讼程序不是必经程序，只有劳动争议当事人一方或双方均不服劳动争议仲裁委员会作出的仲裁裁决，在裁决作出15日内向人民法院提起诉讼，该程序才可能启动。劳动争议仲裁程序是诉讼程序的前置和必经程序。

1. 劳动争议案件的受理

人民法院审理劳动争议案件的条件是：

（1）起诉人必须是劳动争议的当事人。当事人因故不能亲自起诉的，可以委托代理人起诉。

（2）必须是不服劳动争议仲裁委员会仲裁而向法院起诉，未经仲裁程序不得直接向人民法院起诉。

（3）必须有明确的被告、具体的诉讼请求和事实根据。原告、被告仍为仲裁当事人，不得将仲裁委员会作为被告向人民法院起诉。

（4）提起诉讼的时间，必须是在法律规定的期限内，即收到仲裁裁决书之日起15日内起诉，超过15日，人民法院不予受理。

（5）属于人民法院受理劳动争议的范围。

（6）起诉必须向有管辖权的人民法院提出。

2. 劳动争议案件的审理与裁决

劳动争议案件的审理与裁决是由人民法院的民事审判庭具体负责，与一般民事案件的审理程序相同，依照《民事诉讼法》规定的诉讼程序进行审理。

3. 诉讼程序中的几个重要问题

（1）人民法院对劳动争议案件的管辖。

劳动争议案件由用人单位所在地或者劳动合同履行地的基层人民法院管辖。劳动合同履行地不明确的，由用人单位所在地的基层人民法院管辖。当事人双方就同一仲裁裁决分别向有管辖权的人民法院起诉的，后受理的人民法院应当将案件移送给先受理的人民法院。

（2）劳动争议诉讼案件的参加人。

1）当事人。

《最高人民法院关于审理劳动争议案件适用法律问题的解释（一）》规定：

- 劳动者与用人单位均不服劳动争议仲裁机构的同一裁决，向同一人民法院起诉的，人民法院应当并案审理，双方当事人互为原告和被告，对双方的诉讼请求，人民法院应当一并作出裁决。用人单位分立为若干单位后，具体承受劳动权利义务的单位不明确的，分立后的单位均为当事人。
- 原用人单位以新的用人单位和劳动者共同侵权为由提起诉讼的，新的用人单位和劳动者列为共同被告。
- 用人单位与其他单位合并的，合并前发生的劳动争议，由合并后的单位为当事人；用人单位分立为若干单位的，其分立前发生的劳动争议，由分立后的实际用人单位为当事人。
- 用人单位分立为若干单位后，具体承受劳动权利义务的单位不明确的，分立后的单位均为当事人。
- 劳动者在用人单位与其他平等主体之间的承包经营期间，与发包方和承包方双方或者一方发生劳动争议，依法提起诉讼的，应当将承包方和发包方作为当事人。
- 劳动者与未办理营业执照、营业执照被吊销或者营业期限届满仍继续经营的用人单位发生争议的，应当将用人单位或者其出资人列为当事人。
- 未办理营业执照、营业执照被吊销或者营业期限届满仍继续经营的用人单位，以挂靠等方式借用他人营业执照经营的，应当将用人单位和营业执照出借方列为当事人。
- 当事人不服劳动争议仲裁机构作出的仲裁裁决，依法提起诉讼，人民法院审查认为仲裁裁决遗漏了必须共同参加仲裁的当事人的，应当依法追加遗漏的人为诉讼当事人。被追加的当事人应当承担责任的，人民法院应当一并处理。

2）第三人。

《最高人民法院关于审理劳动争议案件适用法律问题的解释（一）》规定，用人单位招用尚未解除劳动合同的劳动者，原用人单位与劳动者发生的劳动争议，可以列新的用人单位为第三人。原用人单位以新的用人单位侵权为由提起诉讼的，可以列劳动者为第三人。

3）诉讼参加人还有诉讼代表人、诉讼代理人等。

3. 劳动争议案件中举证责任的分配

《最高人民法院关于审理劳动争议案件适用法律问题的解释（一）》第 44 条规定因用人单位作出的开除、除名、辞退、解除劳动合同、减少劳动报酬、计算劳动者工作年限等决定而发生的劳动争议，用人单位负举证责任。

《最高人民法院关于审理劳动争议案件适用法律问题的解释（一）》第 42 条规定，劳动者主张加班费的，应当就加班事实的存在承担举证责任。但劳动者有证据证明用人单位掌握加班事实存在的证据，用人单位不提供的，由用人单位承担不利后果。

本部分小结

学完本部分课程，大家对劳动争议处理制度的相关知识是否有所了解了呢？本部分主要讲述了劳动争议的类型、受案范围、处理原则、处理机构和程序，这些知识和每一位家政服务员的工作、生活都息息相关，大家一定要认真学习。课后请大家回顾相关知识，并回答：

1. 劳动争议的处理原则有哪些？
2. 劳动争议的受案范围是什么？
3. 劳动争议处理机构有哪些？

第五章

家政职业与刑法

第一节　刑法的基本概念和基本原则

导 语

刑法是国家打击犯罪、预防犯罪的法律。家政服务员不能犯罪，也要避免因雇主或他人实施的犯罪行为受到侵害，同时在犯罪行为发生时要正确处理。下面我们先一起来学习一下刑法的基础知识吧！

案例索引

保姆小朱在张某家提供家政服务时，被张某指称偷了一块价值 3 000 元的手表，要小朱赔给他。小朱称自己没有偷东西，是张某诬陷她。

请问：如果小朱偷了这块手表，该承担什么责任呢？如果没有偷，又该如何维护自己的合法权益呢？

一、刑法的概念

刑法是指以国家的名义规定何种行为是犯罪和应当对犯罪人施以何种刑罚处罚，以有效打击犯罪、预防犯罪的法律。

刑法有广义的刑法和狭义的刑法之分。狭义的刑法就是指刑法典，刑法典系统地规定了刑法的任务、基本原则和适用范围，犯罪，刑罚，刑罚的具体运用以及各罪名。在我国，刑法典是《中华人民共和国刑法》。广义的刑法是指一切规定犯罪、刑事责任、刑罚以及刑事执行的法律规范的总和。广义的刑法不仅包括刑法典，还包括各种单行刑法和附属刑法（非刑事法中的刑事相关的法律规范）。

刑法具有阶级性质，它是统治阶级为了维护本阶级的政治利益和经济利益，根据自己的意志和利益而规定的，是阶级专政的工具。我国的刑法是社会主义类型的刑法，是保护人民、惩罚犯罪的武器。刑法还具有法律性质，与其他法律如民商法、经济法相比，它有两点不同：一是所保护的内容更广，涉及社会生活的方方面面，还是其他部门法律的保护法和后盾；二是调整方法不同，刑法以刑罚作为强制方法，是直接用于惩罚犯罪分子和犯罪行为的法律，在所有法律中最具有强制性，手段最为严厉。

二、《刑法》的总则与分则

我国《刑法》分为总则、分则和附则三部分。总则分为五章，分别是刑法的任务、基本原则和适用范围；犯罪；刑罚；刑罚的具体运用；其他规定。分则根据犯罪侵犯的不同法益共分为十章，依次是危害国家安全罪；危害公共安全罪；破坏社会主义市场经济秩序罪；侵犯公民人身权利、民主权利罪；侵犯财产罪；妨害社会管理秩序罪；危害国防利益罪；贪污贿赂罪；渎职罪；军人违反职责罪。附则部分仅有一条，包括两项内容：一是规定了《刑法》开始施行的时间；二是规定了《刑法》与以往单行刑法的关系，宣布了《刑法》生效后废止和失效的单行刑法或其内容。

具体而言，《刑法》总则是将分则所列举的犯罪类型中的基本原则以及共通的要件作统一、概括的规定（如罪刑法定原则、故意与过失）；分则是针对特定具体犯罪行为的规定（如故意杀人罪），对各种具体犯罪的定罪和量刑问题逐一进行了规定。

《刑法》总则与分则之间是相辅相成的关系，两者缺一不可。总则对分则有指导、制约和概括等作用；分则则是总则的具体化，是总则精神的贯彻与体现。只有将二者结合起来，才能正确地认定罪与非罪、此罪与彼罪，恰当确定责任与刑罚，正确执行刑罚，惩罚与预防犯罪，从而充分发挥刑法的作用，实现刑法的目的。但值得注意的是，总则的内容不仅适用于分则，还适用于单行刑法和附属刑法。

三、不法与有责

不法与有责，是《刑法》总则里最重要的体系。

在不法层次，判断的对象是行为，借助各种标准来决定某种行为在刑法上应不应该被评价为坏事，即行为是否为刑法所容忍，考虑的是法益保护和利害相衡。

在有责层次，判断的对象是个别的行为人，决定作出坏事的人在刑法上应不应该被评定为坏人，即是否让行为人对他所为的不法行为负起完全的责难，考虑的是可期待性的问题。

这两个层次的区分，意义在于在审理案件的过程中，如果对不法指控的抗辩成功，就意味着行为人的行为在刑法上是合法的，则：（1）行为人不受惩罚，也不受谴责；（2）第三人不能对其主张正当防卫；（3）其他人参与也不成立共犯。如果在有责层面才抗辩成功，则：（1）行为人会受到相应的谴责；（2）可以对其正当防卫；（3）会根据限制从属性理论，成立共犯。

四、故意犯罪与过失犯罪

故意与过失统称为罪过，罪过与犯罪的目的和动机一同构成犯罪的主观方面。犯罪的主观方面是指犯罪主体对于自己的行为及该行为危害社会的结果所持的心理态度。罪过是犯罪构成主观要件的重要要素，是一切犯罪构成都必须具备的。而犯罪的目的只是一部分犯罪构成需要考量的主观要件的要素，是选择性主观要素。犯罪的动机一般只作为犯罪情节影响量刑，并不作为犯罪构成的主观要件影响定罪。

在法律上认定罪过，也就是认定行为人实施某项可能涉嫌犯罪的行为时的主观心态是故意还是过失，是认定行为人是否构成犯罪和对实施的犯罪行为承担什么样的刑事责任的主观依据。这是因为，任何社会中的正常人对于一项行为是否危害社会、危害他人，都应当有基本的认识和选择的自由，实施或者不实施犯罪行为的选择，是出于其自由意志作出的。主观上存在故意或过失的心理态度，并因此选择实施或不作为某种行为，客观上对社会或者他人造成了危害，这种主观上的错误心态就使该行为人在国家和法益面前产生了罪责，应当受到相应的处罚。与之相对，如果一个人所实施的行为虽然在客观上对社会或他人造成了危害，但这一行为在主观上并不存在任何故意或过失，而是由他的意志不能控制的因素所导致的，例如发生无刑事责任能力的一些情形、意外事件等，行为人在主观上就并没有危害社会或他人的心理过错，对其定罪量刑就失去了合理性，既没有惩罚犯罪的必要，也不能实现预防犯罪的目的。

但值得注意的是，认定一个人的行为是否构成犯罪，必须从多个角度同时进行评价，除了之后我们会讲到的客体要件和主体要件，还需要同时存在客观要件和主观要件。也就是说，必须是在某种特定罪过的心理状态下实施了刑法所禁止的危害社会或他人的行为，主观罪过和客观行为不仅要同时具备，两者之间还要存在有机的联系。同时，无论是主观罪过还是客观行为，都应当是刑法所禁止的内容。

有意让事件发生还是无心所致，是区分故意和过失的一般理解。主观上是故意还是过失，反映了行为人的主观恶性区别，并将直接影响到犯罪的社会危害性大小，以及实现刑罚目的的难易程度。在我国刑法中，从主观要件上主要可以将犯罪区分为两大类型：只能由故意构成的犯罪和只能由过失构成的犯罪。前者如纵火罪、故意杀人罪等，后者如失火罪、过失致人死亡罪等。从上述例子也可以看出，虽然客观要件相同，但查明主观要件，就是区分此罪与彼罪的关键，相应地，在法定刑上也有明显的不同。通常来讲，刑法以惩罚故意犯罪为原则，惩罚过失犯罪为例外，我国刑法中规定的多数犯罪都要求存在犯罪的故意。

（一）犯罪故意与故意犯罪

犯罪故意，是指明知自己的行为会发生危害社会的结果，并且希望或者放任这种结果发生的主观心理态度。因此而构成犯罪的，是故意犯罪。犯罪故意与故意犯罪联系密切但并不相同，犯罪故意是一种主观罪过心理，故意犯罪是在犯罪故意的心理下所实施并构成犯罪的行为。

犯罪故意包含两个要素：一是认识方面的要素，要求行为人在实施行为时明知自己的行为会发生危害社会或他人的结果；二是意志方面的要素，是指行为人希望或者放任已经认识到的危害结果的发生。只有同时具备这两个要素，才能认定行为人主观上具有犯罪故意，构成故意犯罪。

在认识方面，所谓的“明知会发生”，并不要求行为人认识到结果的必然发生，“会发生”包括两种情况，其一是明知某行为一定会导致某种特定危害结果的发生，例如砍下某人的头颅，行为人知道自己的行为一定会导致受害人的死亡；其二是明知自己的行为可能会导致某种特定危害结果的发生，例如行为人意欲杀害某人，趁机将受害人从三楼推下，由于楼层较低，行为人明知受害人可能会摔死，也可能不会死亡。

对于犯罪故意是否需要实施犯罪的行为人明知其行为违法，存在一些不同的理论。但主流观点与我国刑法、司法实践都认为，犯罪故意的认知因素只需要行为人明知其行为和行为结果的危害性即可，不要求行为人明知其行为或行为结果的刑事违法性。这是因为，第一，我国刑法所规定犯罪与否的内涵，与我国社会的普遍是非观、价值观是一致的。认知水平正常的普通公民也都能够理解和认识到，违反社会普遍价值的、危害社会或他人的行为，结果达到一定的严重程度，就将被法律制裁，是社会和法律所共同禁止的行为。第二，如果要求行为人在实施行为前，明确知道他将要实施的行为触犯刑法的哪一条，将如何定罪量刑，不仅对于社会上的绝大多数人来说不现实，还会使犯罪人借口不懂法来逃避法律的制裁。因此，犯罪故意只要求行为人明知其行为和行为结果的社会危害性即可，不宜也不应要求他明白行为的刑事违法性。

在意志方面，要求行为人在已经认识到自己行为可能导致的危害结果后，仍然抱有希望或者放任的心理态度。所谓希望的心理态度，是指行为人对危害结果抱着积极追求结果发生的心理，通常会主动追求结果的发生，行为上也更加积极，如贪污犯希望并期待非法占有公共财物结果的发生，并在行为上主动积极追求。而放任危害结果的发生，是指行为人已经预见到自己行为将导致的危害后果，也不积极追求、不希望危害结果的发生，但是也不积极阻止、不反对危害结果的发生，对结果的发生与否采取“听之任之”甚至“顺其自然”的心理态度，如渎职犯罪中的玩忽职守罪。

（二）犯罪故意的类型

犯罪故意可以分为直接故意与间接故意两种类型。直接故意是指行为人明知自己的行为将必然发生或者可能发生某种危害结果，并且内心希望这种结果发生的心理。直接故意还可依据行为人对危害结果的发生是明知必然发生还是可能发生再作区分，即“必然发生＋希望发生”和“可能发生＋希望发生”。也就是说，直接故意是以行为人明知并且希望危害结果的发生为基础的，只是危害结果是否必然发生有所区别。

间接故意是指行为人明知自己的行为可能发生危害结果，并且内心持放任危害结果发生的心理，即“可能发生＋放任发生”。可能发生危险结果的认知，是间接故意放任心理的必需前提和基础，如果行为人明知危害结果必然发生但依然放任其发生，就意味着危害结果的必然发生，内心与希望结果发生相当，应当属于直接故意。

直接故意与间接故意的行为人都明确认识到了自己的行为将会引起危害社会结果的发生，并且都不反对或者排斥危害结果的最终发生，这是两者的相同之处，也说明了二者罪过形式的同质性。但二者之间又有区别：首先，二者对于危害结果发生与否的认识程度不同。直接故意既可以是明知自己的行为必然会导致危害结果的发生，也可以是明知自己的行为可能导致危害结果的发生。而间接故意只能是明知自己的行为有导致危害结果发生的可能性。其次，二者对发生危害结果的心理态度不同。直接故意积极追求危害结果的发生，而间接故意是持“放任”的态度，更多的是强调对于结果发生与否并不特别在意，有没有最终结果都无所谓于他行为的本意，因此也不会专门去努力推动或者阻止危害结果的发生。最后，危害结果发生与否对二者定罪的影响有所区别。直接故意犯罪的行为和结果具有一致性，也就是说，同时存在犯罪的主观故意和客观上的犯罪行为，那么该主体及其行为本身就具有社会危害性，主客观相统一，应当对其予以处罚，因此危害结果发生与否通常不影响定罪，只是既遂与未遂的区别。而间接故意者持放任的心理态度，并不执着于追求危害结果的发生，也常常存在只有行为并不发生危害结果的情形，对于这种情况，根据主客观相统一原则，通常并不认定为构成犯罪，而对于发生危害结果的，要结合其当时的行为目的定罪量刑。两者故意形式的主观恶性不同，因此社会危害性和可罚性也应区别对待。在司法实践中，直接故意的犯罪较多，间接故意的犯罪较少。

（三）犯罪故意需要注意的问题

1. 应严格区分犯罪的故意与一般生活意义上的“故意”

犯罪故意具有社会危害性的特定内容，具体表现为对自己实施的危害行为及其危害结果的认识与希望或放任态度。而一般生活意义上的“故意”只是表明行为人有意识地实施某种行为。例如，行为人进行正当防卫时所具有的是一般生活意义上的“故意”，而不是刑法上的故意。

2. 应将犯罪故意与单纯的认识或单纯的目的区分开

故意是认识因素与意志因素的统一，因此，既不能用认识因素代替故意，也不能用意志因素代替故意。用“具有……目的”代替故意，或者认为“认识到违反规章制度时是故意”，都不太合适。因为前者会缩小故意的范围，后者则会扩大故意的范围。在有些场合，用目的代替故意可能将间接故意排斥在故意之外；认识到行为违反规章制度，并不表明行为人一定认识到了危害结果的发生，更不表明行为人希望或者放任危害结果的发生，因此“认识到违反规章制度时是故意”的观点，会将过失心理归入故意。

3. 应将总则条文规定的“明知”与分则条文规定的“明知”相区别

《刑法》总则规定犯罪故意的认识因素是“明知”自己的行为会发生危害社会的结果，《刑法》分则某些条文对犯罪规定了“明知”的特定内容，如《刑法》第312条对于掩饰、隐瞒犯罪所得、犯罪所得收益罪就规定：“明知是犯罪所得及其产生的收益而……”这两种“明知”既有联系又有区别。总则中的“明知”是故意的一般构成要素，分则中的“明知”是故意的特定构成要素；只有具备分则中的“明知”，才能产生总则中的“明知”，但分则中的“明知”不等于总则中的“明知”，只是总则中的“明知”的前提。

4. 应妥当处理犯意转化、另起犯意和行为对象转换的关系

（1）犯意转化。

1）行为人以此犯意实施犯罪的预备行为，却以彼犯意实施犯罪的实行行为。

如预备抢劫，到达犯罪地点后却发现无人，于是实施盗窃行为。此时的处理有按照吸收犯处理和按照数罪并罚处理两种意见。目前一般采取吸收犯的处理原则。

2）在实行犯罪的过程中犯意改变，如在杀人的过程中，改变犯意，意图伤害。此时的处理方式是：犯意升高者，从新意；犯意降低者，从旧意。

（2）另起犯意。

另起犯意是指在前一罪已经既遂、未遂或中止后，又另起犯意实施另一犯罪行为。如意欲强奸，却因故无法实施，于是放弃强奸另起犯意实施抢劫。此时应以强奸中止和抢劫罪数罪并罚。

（3）行为对象转换。

行为对象转换是指行为人在实行犯罪过程中，有意识地将原先设定的行为对象转换为另一对象。此时的处理原则是：如果法益主体没有发生变更，且属于同一犯罪构成，则仍然成立一罪；如果法益主体发生变更，则数罪并罚。

（四）犯罪过失与过失犯罪

犯罪过失是犯罪故意之外的另一种罪过形式，是过失犯罪的主观心理态度。犯罪过失，是指行为人应当预见自己的行为可能会发生某种危害社会的结果，但是由于疏忽大意而没有预见，或者已经预见但轻信能够避免的一种主观心理态度。

在过失犯罪中，行为人承担刑事责任的客观基础和主要原因是其行为造成了对社会或他人的严重危害结果。但过失并不是意外，行为人本来能够或者应当认识到自己的行为与危害结果之间的客观联系，并进行正确的行为选择，避免危害结果的发生，但行为人却在可以支配自己意志和行为的前提下，对社会和他人的利益损害采取了不负责任的态度，并因此造成了严重的危害社会的结果。因此，国家就有理由要求过失犯罪的行为人对这一不负责任的主观态度所导致严重危害的行为结果承担相应的责任。

犯罪过失与犯罪故意存在较为明显的区别，概括来讲，犯罪过失是由于行为人缺乏必要的审慎态度或责任心而导致了危害结果的发生，行为人对结果持反对的态度；而犯罪故意是行为人对行为的危害结果持有明知而故犯的态度，对结果的发生持希望或放任的态度。因此故意犯罪与过失犯罪的主观恶性也有所不同，再考虑到这两种罪过形式所支配行为人实施的行为也不同，故意犯罪的社会危害性显然大于过失犯罪，相应的惩罚也更严厉。

（五）犯罪过失的类型

犯罪过失通常可以区分为过于自信的过失与疏忽大意的过失两类。

1. 过于自信的过失

过于自信的过失，是指行为人已经预见到自己的行为可能发生危害社会的结果，但内心轻信可以避免，导致危害结果发生的心理态度。

过于自信的过失要求在认识上，行为人已经预见到了自己的行为可能会导致危害结果的发生。例如某居民楼的居民从高层窗户中扔下健身用的5kg哑铃，其应该能够预见到会砸到人，并致人受伤或死亡的可能。如果行为人行为时，根本不能预见或没有预见结果发生的可能性，就不属于过于自信的过失，而有可能是意外或者疏忽大意的过失。在意志方面，要求行为人实施导致危害结果的行为，是因为其轻信危害结果能够避免，不会发生。也就是说，行为人低估了危害结果发生的可能性，或者自认为不会发生在自己身上。

这种“轻信可以避免”危害结果发生的心理，支配了行为人，使其实施了不应当实施的行为，并最终导致了危害结果的发生，也因此使得这种主观罪过形式和客观行为具有了可罚性。

2. 疏忽大意的过失

疏忽大意的过失，是指行为人应当预见到自己的行为可能会导致危害社会结果的发生，但由于疏忽大意没有预见，最终导致了危害结果的发生的心理态度。

疏忽大意的过失，在认识上也首先要求行为人“应当预见”危害结果发生的可能性，但同时由于疏忽大意的原因而没有预见。也就是说，前提是应当预见，而现实是没有预见，没有预见的原因是疏忽大意。所谓的“应当预见”，要求行为人在行为时负有预见危害结果发生可能性的义务，这种义务或是来源于法律的直接规定，也可能是基于特殊身份、职务或者职业的要求而产生的，亦有基于社会公共生活准则的普遍要求而存在的。在预见义务的前提下，还要求行为人有预见的实际可能。行为人要有能够预见危害结果发生的实际可能，如果没有预见的可能性，但发生了危害结果，那么这就不是疏忽大意的过失，而是意外事件，法律也不应当对无法做到的事情规定可罚性。

通常认为，行为人对危害结果的预见能力，应当以主观标准为根据，以客观标准为参考。具体而言，就是以行为人实施行为时的认知水平和能力以及其他具体情况为主要依据，同时以社会上一般人普遍的认知水平为衡量的参考标准。行为人的认知水平和能力，要根据其在实施行为时的年龄、智力水平、文化程度、生活经验等因素，结合实际情况进行认定。对于相同的情况，不同的人作出相同的处理，由于主体对危害结果预见的可能性不同，可能产生不同的后果。因此，能否预见，不能单纯以社会普通人的认识能力对行为人的实际认识能力进行判断，也不能脱离行为实施时的具体情况和客观条件进行判断。

疏忽大意的过失在意志方面要求行为人没有预见到危害结果的发生，但排斥和反对结果的发生。疏忽大意的过失心态，使得行为人在实施行为时处于对危害结果的无认识状态，并因此实施了行为，且没有采取阻止危害结果发生的措施，因此导致了危害结果的最终发生。

疏忽大意的过失导致的犯罪，法律之所以规定了可罚性，是出于两方面考虑：首先，从主观方面看，就是惩罚这种对社会和他人利益严重不负责任的心态和行为，并以此警示他人，防止类似的危害结果再次发生；其次，从客观方面看，在疏忽大意的过失这种罪过心理下实施的行为，确实给社会或他人造成了实际的危害后果。

（六）无罪过事件

《刑法》第 16 条规定，行为在客观上虽然造成了损害结果，但是不是出于故意或者过失，而是由于不能抗拒或者不能预见的原因所引起的，不是犯罪。该条规定的即是无罪过事件，它包括不可抗力和意外事件两种情形。

1. 不可抗力事件

不可抗力事件是指某项行为虽然在客观上造成了损害结果，但并非由于行为人的故意或过失而造成，而是由于其他不能预见、不能避免、不能克服的原因导致的。根据我国刑法的规定，行为在客观上虽然造成了损害结果，但并不是出于故意或过失，而是由于不能抗拒或者不能预见的原因所引起的，不是犯罪。这是关于意外事件和不可抗力事件的规定，这两种事件也可以合称为无罪过事件。

不可抗力事件的特征有：（1）行为人的行为在客观上造成或引起了损害结果；（2）行为人在主观上没有罪过；（3）损害结果是由不能抗拒的原因所引起的。不可抗力事件要求行为人在认识方面，已经认识到了自己的行为可能导致损害后果的发生，在意志方面也排斥、反对损害结果，但由于不可抗拒的原因，无法排除或阻止危害结果的发生。

不可抗力的具体来源多种多样，但在不可抗力为他人的强制或胁迫时，要综合判断这种强制或胁迫是否足以使行为人完全丧失意志自由，如果不足以完全丧失意志自由，则不能认定为不可抗力事件，而应当考虑是否构成从犯或胁从犯。

2. 意外事件

意外事件是指行为人的行为虽然在客观上造成了损害结果，但行为人并非出于故意或过失的罪过心态实施该行为，而是由于不能预见的原因所导致的。

意外事件的特征有：（1）行为人的行为在客观上造成或引起了损害结果；（2）行为人在主观上不存在罪过；（3）损害结果是由不能预见的原因所引起的。前两点与不可抗力事件的特征相同，第三点与不可抗力事件不同，也是二者的区别之处：在认识上，意外事件中的行为人不能预见到自己的行为会导致损害结果的发生，而不可抗力事件中的行为人已经认识到了行为导致损害结果发生的可能性。

意外事件的“不能预见”要求行为人在当时对于其行为将引起损害结果的发生根本没有预见，并且基于行为人的主观认知和客观条件，也不可能预见。当然，从意志方面讲，行为人对损害结果的发生，也应当持排斥和反对的主观态度。

例如，王某是一家肉摊的摊主，在为某顾客割肉时，被大风下的高空坠物打中背部，导致手中刀具脱手飞出，正中顾客颈部，导致顾客当场死亡。这就属于意外事件。

在实践中，要注意判断意外事件与疏忽大意的过失。这两者存在相似之处，都是行为人对不利结果的发生没有预见到，但客观上发生了不利结果。两者的根本区别在于：意外事件是行为人对于损害结果没有预见，也不能预见；而疏忽大意的过失则是行为人对危害后果发生的可能性可以预见、应当预见，但由于疏忽大意而没有预见

（见表 5－1）。

表 5－1 故意、过失、无罪过事件区别

主观形态	认识因素	意志因素（态度）	说明
直接故意	明知行为会导致危害结果	意图实现（追求）	一级直接故意
	明知行为确定地会发生危害结果	仍然行为的，视为“希望”	“确定的故意”，二级直接故意
间接故意	明知行为可能导致危害结果	放任（冷漠，有接受结果的心理准备）	“未必的故意”
过于自信的过失	预见自己的行为可能会发生危害结果	不希望具体的危害结果发生	对结果确信不会发生
疏忽大意的过失	对具体结果无认识（但有结果预见可能性）	无意志因素	如果足够谨慎，结果将不发生
意外事件、不可抗力	对危害结果不能抗拒或不能预见	无意志因素	即使行为人足够谨慎，结果也不可避免

练一练

下列关于犯罪主观方面的说法正确的是（ ）。

A. 因下暴雨，岩石松动，某隧道随时有可能塌方，甲为将机械救出来，下令工人冲进隧道抢运，这时发生塌方，致数人死亡，甲的主观方面为疏忽大意的过失

B. 在年会射击表演中未受过专门训练的甲与人打赌，射击女演员头顶的酒杯而击中女演员致其死亡，甲是间接故意，构成故意杀人罪

C. 甲与乙在甲坐落于山中的别墅度假时，二人在阳台上以院中果树上的果子为靶，比试枪法。甲妻提醒，别打到对面山上的人。甲用望远镜仔细观察，未见任何人影，二人便开始比赛。不料打死一砍柴人，甲属于疏忽大意的过失

D. 甲深夜在山林中采伐树木，巡夜的守林人乙听到砍伐声，为了不惊动盗伐者寻声悄悄接近。被砍伐的树木倒下，砸死了乙，乙的死亡属于意外事件，甲不负刑事责任

【参考答案】BD。A 项，疏忽大意的过失，是指应当预见自己的行为可能发生危害社会的结果，因为疏忽大意而没有预见，以致发生这种结果的责任形式。疏忽大意的过失属于无认识的过失。过于自信的过失，是指已经预见自己的行为可能发生危害社会的结果，但轻信能够避免，以致发生这种结果的责任形式。过于自信的过失属于有认识的过失。A 项中因下暴雨，岩石松动，某隧道随时有可能塌方，甲是能够预见到这一点的，但为将机械救出来，仍下令工人冲进隧道抢运，这时发生塌方，致数人死亡，甲的主观方面不属于疏忽大意的过失，而是过于自信的过失，所以甲构成重大责任事故罪。因此，A 项说法错误。B 项，间接故意，是指明知自己的行为可能发生危害社会的结果，并且放任这种结果发生

的心理态度。未受过专门训练的甲因与人打赌，明知自己的行为可能击中女演员，但却放任这种结果发生，其主观心态是间接故意，构成故意杀人罪。因此，B 项说法正确。C 项，甲属于过于自信的过失，因为行为人明显已经预见到自己行为可能发生危害社会的结果，并且还特意用望远镜仔细观察，未见任何人影才开始比赛。因此，C 项说法错误。D 项，意外事件，是指行为人虽然在客观上造成了损害结果，但是不是出于故意或者过失，而是由于不能预见的原因引起的，不是犯罪。甲深夜在山林中采伐树木，不可能预见到乙的出现，属于意外事件。因此，D 项说法正确。综上，本题的答案是 BD。

（七）认识错误

认识错误，是指行为人对自己所实施行为的法律性质、危害后果或其他相关事实情况存在不正确认识的情况。认识错误常对定罪量刑有所影响。刑法学意义上的认识错误可分为法律认识错误和事实认识错误两类。

1. 法律认识错误

法律认识错误就是行为人对自己的行为在法律上，尤其是刑法中如何定性，如是否构成犯罪、构成何种犯罪或者实施的行为应当受到什么程度的刑罚存在错误的理解。常见的有以下三种情况：

（1）假想的犯罪。

假想的犯罪是指行为人实施的行为依法并不构成犯罪，但行为人误以为自己的行为是构成犯罪的。行为人主观认识上对法律产生了错误认知，但根据罪刑法定原则，认定行为性质、判断罪与非罪的唯一依据是法律（法律渊源），而不是行为人的认知，行为人实施的行为也不会因为行为人的错误认知而产生性质变化，因此，假想的犯罪并不构成实际上的犯罪。例如，某些人将正当防卫、紧急避险或意外事件误认为是犯罪，因此“逃匿”或向公安机关“自首”，但其实并不构成犯罪。

（2）假想的非罪。

假想的非罪与假想的犯罪相反，是行为人误以为自己实施的行为并不是犯罪，但依法却应当认定为犯罪。同样，依据罪刑法定原则，原则上并不能依据行为人对自己行为是否构成犯罪的认知来进行判断，而应当根据刑法、根据犯罪构成要件进行判断。否则不仅有违法制统一，还可能成为某些犯罪分子脱罪的借口。例如，教师李某诱骗不满 14 岁的女学生与其发生性关系，认为自己没有以暴力、胁迫手段强迫对方，因此不构成犯罪。但我国法律规定，奸淫不满 14 岁的幼女的，以强奸论，从重处罚。因此不论李某以何种手段使女生与其发生性关系，均构成强奸罪。但在某些特殊情况下，也应当综合考虑。例如张某在网上约到一名女子陈某与其发生性关系，陈某穿着和举止言谈都很成熟，自称是成年人，张某与其发生关系后，偶然看到陈某的身份证方知对方未满 14 岁，遂主动到公安机关自首。此案中陈某虽不满 14 周岁，但由于其从穿着、言谈举止等方面观察，都难以判断出是幼女，她又自称是成年人，因此张某与其发生性行为时并不明知对方是幼女，此时不宜将张某的行为认定为强奸罪。

（3）对罪名或刑罚的误解。

对罪名或刑罚的误解是指行为人认识到自己的行为构成犯罪，但是对行为具体触犯了刑法规定的何种罪名，以及应当处以什么样的刑罚存在不正确的理解。这种不正确的理解是由行为人不知道法律规定或误解法律所引起的。行为人对罪名或者刑罚的误解，并不影响其行为的性质和危害程度，应当按照其实际行为追究相应的法律责任。

例如张某冒充人民警察身份，以帮助被害人追回被骗钱款需要打点、请客为由，向被害人索要现金的案件，张某认为自己的行为构成诈骗罪，但是其实际上属于假冒国家机关工作人员的身份或职称进行诈骗，损害国家机关的威信及其正常活动的行为，应当构成招摇撞骗罪。

2. 事实认识错误

（1）具体的事实认识错误。

具体的事实认识错误是指行为人认识到的事实与实际发生的事实虽然不一致，但没有超出同一犯罪构成的范围，即行为人只是在某个犯罪构成的范围内发生了对事实的认识错误，因此也可以被称为同一犯罪构成内的错误。具体的事实认识错误又可以分为对象错误、打击错误和因果关系的错误。

具体的事实错误中的对象错误，是指行为人误把对象甲当作对象乙加以侵害，而对象甲与对象乙的法益相同，行为人的认识内容与客观事实仍属同一犯罪构成的情况。例如，行为人本欲杀 A，黑夜里却误将 B 当作 A，杀害了 B。根据法定符合说，刑法规定故意杀人罪是为了保护人的生命，而不只是保护特定的 A 或特定的 B 的生命。因此，只要行为人主观上想杀人，而客观上又杀了人，那么就符合故意杀人罪的构成要件，成立故意杀人罪的既遂。

具体的事实错误中的打击错误，是指由于行为本身的差误，导致行为人所欲打击的对象与实际受害的对象不一致，但这种不一致仍然没有超出同一犯罪构成。例如，行为人举枪射击甲，但因枪法不准而击中了乙，导致了乙的死亡。根据法定符合说，在这种情况下，行为人主观上具有杀人的故意，客观上的杀人行为也导致了他人的死亡，二者与刑法规定的故意杀人罪的犯罪构成是完全一致的，因而成立故意杀人罪的既遂。

具体的事实错误中的因果关系的错误，是指侵害的对象没有错误，但造成侵害的因果关系的发展过程与行为人所预想的发展过程不一致，以及侵害结果推后或者提前发生的情况。

（2）抽象的事实认识错误。

抽象的事实认识错误，是指行为人所认识的事实与现实所发生的事实，分别属于不同的犯罪构成。或者说，行为人所认识的事实与所发生的事实跨越了不同的犯罪构成，因而也被称为不同犯罪构成间的错误。抽象的事实认识错误只有对象错误和打击错误两种。

抽象的事实认识错误中的对象错误，是指行为人误把对象甲当作对象乙加以侵害，而对象甲与对象乙体现不同的法益，分属不同的犯罪构成。

抽象的事实认识错误中的打击错误，是指由于行为本身的差误，导致行为人所欲攻击的对象与实际受害对象不一致，而且这种不一致超出了同一犯罪构成。

根据法定符合说，对于抽象的事实认识错误，应当在主客观相统一的范围内认定犯罪。在重罪不处罚未遂，以及在重罪处罚未遂但轻罪的既遂重于重罪的未遂的情况下，如果重罪和轻罪同质，则在重合的限度内成立轻罪的既遂。具体言之：原则上就低不就高，但如果重罪的未遂处罚更重的，认定为是重罪的未遂。即原则上认定为轻罪的既遂犯，如果重罪的未遂犯处罚更重的，认定为重罪的未遂。

五、作为与不作为

积极的、制造或者增加他人不应有的危险的行为，是作为。消极的、不履行特定义务的行为，是不作为。

六、既遂与未遂

行为人有故意，并且实现了所有的构成要件要素，就是既遂犯。有犯罪的故意，也着手实行了犯罪，但是没有实现所有的构成要件要素，就是未遂犯。

七、刑法的渊源

（一）刑法典

刑法典是指国家以刑法名称颁布的，系统规定犯罪及其法律后果的法律。

（二）单行刑法

单行刑法是指国家以决定、规定、补充规定、条例等名称颁布的，规定某一类犯罪及其法律后果或者刑法的某一事项的法律。

（三）附属刑法

附属刑法是指附带规定于民法、经济法、行政法等非刑事法律中的罪刑规范。只有当非刑事法律中设置了真正的罪行规范时，“附属刑法”才是刑法的渊源。

（四）司法解释

司法解释是指我国最高司法解释机关（最高人民法院和最高人民检察院）对法律的具体应用问题作出的解释。由于刑法典和单行刑法、附属刑法存在某些概念不明确、成文法的滞后性等问题，司法解释在我国也成为主要的法律渊源，是各级司法机关适用法律的依据。

（五）指导性案例

指导性案例是最高人民法院和最高人民检察院发布的已经生效的裁判，其认定事实清楚，适用法律正确，裁判说理充分，法律效果和社会效果良好，对于法院、检察院处理类似案件具有普遍指导意义。指导性案例目前在我国还是一种非正式意义上的法律渊源，不能作为裁判的依据，但可以作为裁判的理由，补充成文法，增加其内容的统一性、确定性和安定性，保持法律适用的协调性，维护法律规则在不同法院间、不同审判组织间适用结果的一致性。

八、刑法的机能

一般认为，刑法具有以下三种机能：（1）行为规制机能；（2）法益保护机能；（3）人权保障机能（自由保障机能）。

九、罪刑法定原则

罪刑法定原则的基本含义是“法无明文规定不为罪”“法无明文规定不处罚”，即要求罪和刑都必须是法律明确规定的。罪刑法定原则的具体内容分为形式的侧面和实质的侧面。

所谓形式的侧面，是指根据形式主义法治观点对罪刑法定原则作出的解释与说明，形式法治的直接目的是限制司法权的擅断。具体又包括以下四个方面：（1）法律主义，即禁止习惯法。（2）禁止溯及既往。在我国刑法中，表现为在时间效力原则上实行的“从旧兼从轻”原则。（3）禁止类推解释。（4）禁止绝对不定期刑。我国刑法实行的是相对确定法定刑主义。

所谓实质的侧面，是指根据实质主义法治的观点对罪刑法定原则作出的解释与说明。具体包括以下两个原则：（1）明确性原则。（2）合理性原则。

练一练

下列哪一项不是罪刑法定原则应有的内容？（　　）

A. 禁止习惯法　　B. 禁止扩张解释

C. 明确性原则　　D. 禁止事后法

【参考答案】B。罪刑法定原则具体包括：（1）法律主义，即禁止习惯法，A项正确。（2）禁止溯及既往，即禁止事后法，D项正确。（3）禁止类推解释，而不是禁止扩张解释，B项错误。（4）禁止绝对不定期刑。（5）明确性原则，C项正确。（6）合理性原则。综上，正确答案是B项。

十、平等适用刑法原则和罪刑相适应原则

（一）平等适用刑法原则

我国《刑法》第 4 条规定了平等适用刑法原则或者说刑法面前人人平等原则。对于该原则要注意以下几点：

（1）平等适用刑法原则是宪法中法律面前人人平等原则在刑法中的具体体现。

（2）平等适用刑法原则仅指刑法适用上的平等，即司法上的平等。

（3）平等适用刑法原则不仅包括对犯罪人在定罪和量刑上的一律平等，也包括在行刑上的一律平等。

（4）平等适用刑法原则并不意味着没有任何差别，仍然需要考虑刑罚个别化的要求，平等适用刑法原则应该与刑罚个别化原则有机地结合起来。

（二）罪刑相适应原则

我国《刑法》第 5 条规定了罪刑相适应原则，又称罪刑均衡原则或罪责刑相适应原则。其基本含义是：刑罚的轻重应当与犯罪的轻重相适应。对于该原则需要注意以下两点：

（1）刑罚既要与犯罪性质相适应，又要与犯罪情节相适应，还要与犯罪人的人身危险性（具体体现为自首、坦白、立功、累犯等量刑情节）相适应。

（2）立法上要求确定合理的刑罚体系、刑罚制度与法定刑。审判中要求强化量刑公正的观念。行刑方面要求注重犯罪人的人身危险程度的消长变化情况，合理地运用减刑、假释等制度。

练一练

我国刑法对故意杀人罪规定了比过失致人死亡罪更重的法定刑，这体现了以下哪种原则？（　　）

A. 罪刑法定原则

B. 刑法适用平等原则

C. 罪责自负、反对株连的原则

D. 罪刑相适应原则

【参考答案】D。A 项，罪刑法定原则着重强调的是“法无明文规定不为罪”，即要求罪和刑都必须是法律明确规定的，题目中并未体现出此项原则。B 项，刑法适用平等原则，是指平等适用刑法原则或者说刑法面前人人平等原则，不符合题意。C 项，现在我国并没有此项原则。D 项，罪刑相适应原则，又称罪刑均衡原则或罪责刑相适应原则。其基本含义是：刑罚的轻重应当与犯罪的轻重相适应。题目中所强调的是对故意杀人罪规定了比过失致人死亡罪更重的法定刑，因此选择 D 项。

本部分小结

学完本部分课程，大家对刑法的基本概念和基本原则是否有所了解了呢？本部分主要讲述了刑法的结构与功能、不法与有责、故意犯罪与过失犯罪、既遂与未遂、刑法的基本原则等内容，大家一定要认真学习。课后请大家回顾相关知识，并回答：

1. 刑法有哪些功能？
2. 罪刑法定原则的含义是什么？
3. 刑法的渊源有哪些？

第二节 犯罪概述

导 语

刑法旨在打击和惩罚犯罪，预防犯罪的发生。那么，什么是犯罪？为什么要打击犯罪？如何判断一种行为是不是犯罪？我们一起来学习吧！

案例索引

家政服务人员小刘被聘请到王某家照顾王某年迈的母亲，在提供服务的过程中，小刘发现王某存在虐待自己母亲的行为，且十分严重。小刘对此很担心，想到派出所报案，但又怕虐待罪是亲告罪，或者王某的行为不符合犯罪构成。

请问：小刘的担心有没有道理呢？怎么判断一种行为是不是犯罪呢？

一、犯罪的特征

（一）社会危害性

社会危害性是指犯罪对国家和人民利益所造成的危害。

（二）刑事违法性

刑事违法性是指行为符合罪刑规范所指明的假定条件。

（三）应受刑罚处罚性

任何违法行为，都要承担相应的法律后果，对于违反刑法的犯罪行为来说，则要承担刑罚处罚的法律后果。犯罪是适用刑罚的前提，刑罚是犯罪的法律后果。

上述特征是紧密结合、密不可分的。社会危害性是犯罪最基本的属性，是刑事违法性和应受刑罚处罚性的基础；刑事违法性是社会危害性的法律表现；应受刑罚处罚性则是社会危害性的法律后果。

练一练

下列属于犯罪的特征的是（ ）。

A. 社会危害性　　B. 主客观统一性

C. 刑事违法性　　D. 应受刑罚处罚性

【参考答案】ACD。犯罪的特征：社会危害性是指犯罪对国家和人民利益所造成的危害。刑事违法性是指行为符合罪刑规范所指明的假定条件。应受刑罚处罚性是指任何违反刑法的行为都要承担刑罚处罚的法律后果。因此，A、C、D项正确。B项属于犯罪构成的特征。

二、犯罪的分类

（一）理论分类

1. 重罪与轻罪

这是以法定刑为标准对犯罪所作的一种分类，我国刑法没有这种分类。

2. 自然犯与法定犯

这是从与伦理道德的关系的角度对犯罪所作的一种划分。前者是指在侵害或者威胁法益的同时明显违反伦理道德的传统型犯罪，后者是指侵害或者威胁法益但没有明显违反伦理道德的现代型犯罪。

3. 即成犯、状态犯和继续犯

这是从犯罪终了与法益侵害的关系出发对犯罪所作的一种划分。即成犯，指在法益侵害后果发生的同时，犯罪行为完成或者终了；状态犯，指在法益侵害发生的同时，犯罪行为终了，但是法益受侵害的状态仍然继续；继续犯，指在法益侵害持续进行期间，犯罪行为也同时持续进行。

练一练

从犯罪终了与法益侵害的关系出发，可将犯罪分为（ ）。

A. 即成犯　　B. 法定犯　　C. 状态犯　　D. 继续犯

【参考答案】ACD。从犯罪终了与法益侵害的关系出发，可将犯罪分为：即成犯，指在法益侵害后果发生的同时，犯罪行为完成或者终了；状态犯，指在法益侵害发生的同时，犯罪行为终了，但是法益受侵害的状态仍然继续；继续犯，指在法益侵害持续进行期间，犯罪行为也同时持续进行。因此，A、C、D项正确。自然犯与法定犯是从与伦理道德的关系的角度对犯罪所作的一种划分。

（二）法定分类

1. 国事犯罪与普通犯罪

《刑法》分则第一章规定的“危害国家安全罪”属于国事犯罪，第二章至第十章规定的犯罪相对于国事犯罪而言，属于普通犯罪。

2. 自然人犯罪与单位犯罪

自然人犯罪是指由自然人实施的犯罪，刑法中的大多数犯罪都是自然人犯罪。

单位犯罪，是指公司、企业、事业单位、机关、团体等为本单位谋取非法利益或者以单位名义为本单位全体成员或多数成员谋取非法利益，由单位的决策机构按照单位的决策程序决定，由直接责任人员实施的，且刑法有明文规定的犯罪。

3. 身份犯与非身份犯

身份犯，是以特殊身份为客观构成要件要素的犯罪。非身份犯，是不以特殊身份为客观构成要件要素的犯罪。

4. 亲告罪与非亲告罪

亲告罪，指对于犯罪是否进行追究，取决于个人的意思，在追诉之时必须经过有告诉权者告诉的犯罪——不告不理。非亲告罪，指除亲告罪以外的犯罪，是必须由国家有关机关行使追诉权的犯罪。

5. 基本犯与结果加重犯

基本犯，指《刑法》分则条文规定的不具有法定加重或者减轻情节的犯罪。结果加重犯，指《刑法》分则条文以基本犯为基准规定了加重情节与较重法定刑的犯罪。

练一练

下列哪项罪名不属于亲告罪？（　　）

A. 侮辱罪　　B. 诽谤罪　　C. 故意伤害罪　　D. 侵占罪

【参考答案】C。在刑法中，我国仅有五种犯罪属于亲告罪的范畴：侮辱罪、诽谤罪、暴力干涉婚姻自由罪、虐待罪和侵占罪。其他犯罪均属于非亲告罪。综上，本题的答案是C。

三、犯罪构成

犯罪构成是指按照刑法规定，决定某一具体行为的社会危害性及其程度，而为该行为成立犯罪所必须具备的一切客观要件与主观要件的有机整体。

犯罪构成有以下特征：犯罪构成的法定性；犯罪构成的主客观统一性；犯罪构成与社会危害性的统一性。

四、规范的构成要件要素

规范的构成要件要素，是与记述的构成要件要素相对应的一个概念，指与构成要件要素相对应的客观事实，是需要通过一系列的价值判断和理性分析才可确定的要素。

本部分小结

学完本部分课程，大家对什么是犯罪是否有所了解了呢？本部分主要讲述了犯罪的特征、分类、犯罪构成等内容，这些知识很重要，大家一定要认真学习。课后请大家回顾相关知识，并结合罪刑法定原则思考：犯罪构成的意义是什么？

第三节　刑罚的种类

导　语

刑罚是违反刑法，被法院认定为犯罪后，应当受到的处罚。那么，刑罚有哪些种类，又都是如何执行的呢？我们一起来学习吧！

案例索引

2017 年 6 月 22 日，杭州市某小区发生纵火案，造成四人死亡。纵火者为死者家的保姆莫某。最终，莫某被判处死刑，剥夺政治权利终身。

请问：除了死刑，刑法中还规定了哪些刑罚？

刑罚的种类，又称刑罚的体系，是指刑法规定的各种刑罚方法。我国刑法规定了 9 种具体的刑罚，其中主刑 5 个、附加刑 4 个。主刑包括：管制、拘役、有期徒刑、无期徒刑、死刑；附加刑包括：罚金、没收财产、剥夺政治权利、驱逐出境。

一、管制

（1）期限：3 个月以上 2 年以下，数罪并罚不超过 3 年。

（2）刑期计算：从判决执行之日起计算，判决执行前先行羁押的，羁押 1 日折抵刑期 2 日。

（3）执行机关：司法行政机关。

（4）待遇：在劳动中同工同酬。

（5）应当遵守的规定：1）遵守法律、行政法规，服从监督；2）未经执行机关批准，不得行使言论、出版、集会、结社、游行、示威自由的权利；3）按照执行机关规定报告自己的活动情况；4）遵守执行机关关于会客的规定；5）离开所居住的市、县或者迁居，应当报经执行机关批准。

管制犯在刑罚执行期间，还应当遵守“禁止令”的规定，即“禁止犯罪分子在执行期间从事特定活动，进入特定区域、场所，接触特定的人”。违反禁止令的，由公安机关依照《中华人民共和国治安管理处罚法》的规定处罚。

（6）后果：管制期满，执行机关应即向本人和其所在单位或者居住地的群众宣布解除管制。

练一练

下列关于管制的说法中哪一项是正确的？（　　）

A. 管制的刑期从判决确定之日起计算

B. 管制的期限为 3 个月以上 2 年以下

C. 被判处管制的犯罪人劳动的，应适量给予报酬

D. 管制犯适用禁止令的相关规定

【参考答案】D。根据《刑法》第 38 条到第 41 条的规定，管制期限：3 个月以上 2 年以下，数罪并罚不超过 3 年。刑期计算：从判决执行之日起计算，判决执行前先行羁押的，羁押 1 日折抵刑期 2 日。执行机关：司法行政机关。待遇：在劳动中同工同酬。管制犯在刑罚执行期间，应当遵守“禁止令”的规定，即“禁止犯罪分子在执行期间从事特定活动，进入特定区域、场所，接触特定的人”。违反禁止令的，由公安机关依照《中华人民共和国治安管理处罚法》的规定处罚。综上，本题的答案是 D。

二、拘役

（1）期限：1 个月以上 6 个月以下，数罪并罚不超过 1 年。

（2）刑期计算：从判决执行之日起计算，判决执行前先行羁押的，羁押 1 日折抵刑期 1 日。

（3）执行机关：公安机关就近执行。

（4）待遇：在执行期间，每月可以回家一天至两天；参加劳动的，可以酌量发给报酬。

三、有期徒刑

（1）期限：6 个月以上 15 年以下。数罪并罚时，总和刑期不满 35 年的不得超过 20 年，总和刑期在 35 年以上的不得超过 25 年。

（2）刑期计算：从判决执行之日起计算，判决执行前先行羁押的，羁押 1 日折抵刑期 1 日。

（3）执行机关：在监狱或者其他执行场所执行。其他执行场所，是指少年犯管教所、看守所。

（4）改造：凡有劳动能力的，都应当参加劳动，接受教育和改造。

练一练

徐某因犯故意伤害罪，于 2007 年 11 月 21 日被法院判处有期徒刑 1 年，缓期 2 年执行。在缓刑考验期限内，徐某伙同他人无故殴打学生傅某，致傅某轻微伤。当地公安局于 2008 年 4 月 3 日决定对徐某行政拘留 15 日，并于当日开始执行该行政拘留决定。行政拘留结束后，法院撤销对徐某的缓刑，决定收监执行。关于本案，下列哪一项是正确的？（　　）

A. 徐某被行政拘留的 15 天可以折抵刑期

B. 徐某被行政拘留的 15 天不应当折抵刑期

C. 应当将 1 年有期徒刑与 15 天的拘留按照限制加重原则实行并罚

D. 15 天的行政拘留应当被 1 年有期徒刑吸收

【参考答案】B。徐某实施的是两个行为，因一个行为被判处刑罚，因另一个行为被行政拘留，性质不同，无法折抵。在我国刑法中，只有刑罚才存在刑期折抵的问题，具体来说，判决执行以前先行羁押的，管制羁押 1 日折抵刑期 2 日，拘役和有期徒刑羁押 1 日都折抵 1 日，无期徒刑不存在刑期折抵问题。综上，本题的正确答案是 B。

四、无期徒刑

（1）内容：终身剥夺人身自由；凡有劳动能力的，都应当参加劳动，接受教育和改造。

（2）执行机关：监狱。

（3）被判处无期徒刑的犯罪分子在执行期间，认罪服法，接受教育、改造确有悔改立功表现的，可获得减刑，由无期徒刑减为有期徒刑，如果实际执行 13 年以上，还可以获得假释。但累犯以及因杀人、放火、爆炸、抢劫、强奸、绑架、投放危险物质或者有组织的暴力犯罪被判处无期徒刑的犯罪分子除外。

五、死刑

（一）死刑的适用

（1）死刑只能适用于罪行极其严重的犯罪分子。

（2）犯罪的时候不满 18 周岁的人和审判时怀孕的妇女，不适用死刑。此外，审判的时候已满 75 周岁的人，不适用死刑，但以特别残忍手段致人死亡的除外。

（3）死刑除依法由最高人民法院判决的以外，都应当报请最高人民法院核准。死刑缓期执行的，可以由高级人民法院判决或者核准。

（二）死刑缓期执行

（1）对于应当判处死刑的犯罪分子，如果不是必须立即执行的，可以判处死刑同时宣告缓期 2 年执行。

（2）判处死刑缓期执行的，在死刑缓期执行期间，如果没有故意犯罪，2 年期满以后，减为无期徒刑；如果确有重大立功表现，2 年期满以后，减为 25 年有期徒刑；如果故意犯罪，查证属实的，由最高人民法院核准，执行死刑。

对被判处死刑缓期执行的累犯以及因故意杀人、强奸、抢劫、绑架、放火、爆炸、投放危险物质或者有组织的暴力性犯罪被判处死刑缓期执行的犯罪分子，人民法院根据犯罪情节等情况可以同时决定对其限制减刑。

（3）死刑缓期执行的期间，从判决确定之日起计算。死刑缓期执行减为有期徒刑的刑期，从死刑缓期执行期满之日起计算。

练一练

下列关于刑期计算的说法中哪一项是正确的？（　　）

A. 管制刑期从判决确定之日起计算

B. 拘役刑期从判决执行之日起计算

C. 死缓从判决执行之日起计算

D. 无期徒刑从判决确定之日起计算

【参考答案】B。管制、拘役、有期徒刑的刑期都是从判决执行之日起计算，无期徒刑因为不存在时间问题，故没有所谓的起算时间。死刑缓期执行的期间，从判决确定之日起计算，死刑缓期执行减为有期徒刑的刑期，从死刑缓期执行期满之日起计算。综上，本题的正确答案是 B。

六、罚金

（1）判处罚金，应当根据犯罪情节决定罚金数额。

（2）罚金在判决指定的期限内一次或者分期缴纳。期满不缴纳的，强制缴纳。对于不能全部缴纳罚金的，人民法院在任何时候发现被执行人有可以执行的财产，应当随时追缴。如果由于遭遇不能抗拒的灾祸缴纳确实有困难的，可以酌情减少或者免除。

七、剥夺政治权利

（1）内容：选举权和被选举权；言论、出版、集会、结社、游行、示威自由的权利；担任国家机关职务的权利；担任国有公司、企业、事业单位和人民团体领导职务的权利。

（2）期限：剥夺政治权利的期限，除因被判死刑、无期徒刑而被剥夺政治权利终身外，为 1 年以上 5 年以下。判处管制附加剥夺政治权利的，剥夺政治权利的期限与管制的期限相等，同时执行。

（3）对于危害国家安全的犯罪分子应当附加剥夺政治权利；对于故意杀人、强奸、放火、爆炸、投毒、抢劫等严重破坏社会秩序的犯罪分子，可以附加剥夺政治权利。

独立适用剥夺政治权利的，依照《刑法》分则的规定。

（4）对于被判处死刑、无期徒刑的犯罪分子，应当剥夺政治权利终身。在死刑缓期执行减为有期徒刑或者无期徒刑减为有期徒刑的时候，应当把附加剥夺政治权利的期限改为 3 年以上 10 年以下。

（5）附加剥夺政治权利的刑期，从徒刑、拘役执行完毕之日或者从假释之日起计算；剥夺政治权利的效力当然适用于主刑执行期间。

八、没收财产

（1）没收财产是没收犯罪分子个人所有财产的一部分或者全部。

（2）没收全部财产的，应当对犯罪分子个人及其扶养的家属保留必需的生活费用。

（3）没收财产以前犯罪分子所负的正当债务，需要以没收的财产偿还的，经债权人请求，应当偿还。

九、驱逐出境

只能适用于犯了罪的外国人。

练一练

在一起共同犯罪案件中，主犯王某被判处有期徒刑 15 年，剥夺政治权利 3 年，并处没收个人财产；主犯朱某被判处有期徒刑 10 年，剥夺政治权利 2 年，罚金 2 万元人民币；从犯李某被判处有期徒刑 8 个月；从犯周某被判处管制 1 年，剥夺政治权利 1 年。在本案中，由监狱执行刑罚的罪犯是（　　）。

A. 王某　　B. 朱某　　C. 李某　　D. 周某

【参考答案】AB。本题考查的是刑罚的执行机关的问题，本节已经总结过。(1) 死刑立即执行：法院。(2) 罚金：法院。(3) 没收财产：法院。(4) 死刑缓期两年执行：监狱。(5) 无期徒刑：监狱。(6) 有期徒刑：监狱（剩余刑期在一年以下的，由看守所代为执行；对未成年犯在未成年犯管教所执行刑罚）。(7) 拘役：公安机关。(8) 管制：司法行政机关。(9) 剥夺政治权利：公安机关。(10) 驱逐出境：公安机关。综上，本题的正确答案是 AB。

本部分小结

学完本部分课程，大家对各类刑罚是否都有所了解了呢？本部分主要讲述了各种主刑和附加刑。课后请大家回顾相关知识，思考死刑和死刑缓期两年执行有什么区别呢？

第六章

家政职业与民事诉讼法

第一节 民事诉讼概述

导语

民事诉讼是解决民事纠纷最重要的手段之一，家政服务员和其他民事主体发生民事纠纷后，就有可能到法院去进行民事诉讼。那么，什么是民事诉讼？如何在民事诉讼中更好地维护自己的权益呢？我们一起来学习吧！

案例索引

张三和李四是好朋友，同在一家家政公司工作。2019 年 1 月张三向李四借款 2 万元，并出具借条，双方约定张三于 2020 年 1 月 23 日归还本金与利息。2020 年 2 月张三仍未还款。

请问：李四应该如何维护自己的权益呢？

一、民事纠纷的概念

民事纠纷又称民事争议，是法律纠纷的一种，是指平等主体之间发生的，以民事权利义务为内容的法律纠纷。

二、民事纠纷的特点

（1）民事纠纷主体之间法律地位平等。

（2）民事纠纷的内容是对民事权利义务的争议。

（3）民事纠纷具有可处分性。当然，这主要是指有关财产关系的民事纠纷，而有关人身关系的民事纠纷多具有不可处分性。

三、民事纠纷的分类

根据民事纠纷的内容和特点，可将民事纠纷分为两大类：一类是有关财产关系的民事纠纷，包括财产所有关系的民事纠纷和财产流转关系的民事纠纷；另一类是有关人身关系的民事纠纷，包括人格权关系的民事纠纷和身份权关系的民事纠纷。事实上，这两种纠纷往往是交相并存的，即有些财产关系的民事纠纷和人身关系的民事纠纷，其发生往往互为前提，而有些民事权利（如继承权、股东权等）兼有财产和人身的性质，由此而发生的民事纠纷也就兼有财产和人身的性质。

四、民事纠纷的解决机制

（一）自力救济

自力救济是指依靠自身力量解决纠纷，无须第三者参与，包括自决与和解两种方式。

（二）社会救济

社会救济具体包括调解（诉讼外调解）和仲裁两种方法。

（三）公力救济

公力救济即指民事诉讼。

五、民事诉讼的概念和特点

（一）民事诉讼的概念

民事诉讼是指法院、当事人和其他诉讼参与人，在审理民事案件的过程中所进行的各种诉讼活动，以及由这些活动所产生的各种诉讼关系的总和。

民事诉讼活动，既包括法院的审判活动，又包括诉讼参与人的活动。但是法院的活动不都是诉讼活动，如审判委员会讨论案件的活动就不是诉讼活动，而是法院内部的一种活动。

诉讼活动与诉讼关系密切相关。诉讼关系，是指诉讼参加者（法院、当事人及其他诉讼参与人）之间，在诉讼过程中所形成的诉讼权利义务关系。

（二）民事诉讼的特点

（1）民事诉讼的主体由法院、当事人、其他诉讼参与人以及检察院构成。

（2）民事诉讼依靠国家强制力来解决民事纠纷。

（3）从诉讼对象来看，民事诉讼解决的争议是有关民事权利义务的争议。除了刑事案件和行政案件外，伦理上的冲突、政治上的争议、宗教上的争议等也不能成为民事诉讼的对象。

（4）民事诉讼应依照严格的诉讼程序和诉讼制度进行。

六、民事诉讼法律关系的概念和构成要素

（一）民事诉讼法律关系的概念

民事诉讼法律关系是指民事诉讼法律、法规所调整的法院与当事人及其他诉讼参与人之间、当事人之间以及当事人同其他诉讼参与人之间存在的，以诉讼权利和诉讼义务为内容的具体的社会关系。

（二）民事诉讼法律关系的构成要素

1. 民事诉讼法律关系的主体

民事诉讼法律关系的主体，是指在民事诉讼程序中依法享有诉讼权利和承担诉讼义务的国家机关、自然人、法人和非法人组织。在我国，人民法院、人民检察院、诉讼参加人、其他诉讼参与人都是民事诉讼法律关系的主体。

诉讼主体的概念与诉讼法律关系主体的概念既有联系又有区别。所有的诉讼主体都是诉讼法律关系主体，诉讼主体的主体身份必然包含诉讼法律关系主体身份；二者的区别在于：诉讼主体强调必须有权行使导致诉讼程序发生、变更、消灭的诉讼行为。但是对于民事诉讼法律关系的主体而言，并不是所有的主体的诉讼行为都会导致诉讼程序的发生、变更和消灭，比如鉴定人、翻译人员和勘验人员。他们只能成为诉讼法律关系的主体，而不能成为诉讼主体。能够成为诉讼主体的有人民法院、人民检察院、当事人（包括原告、被告、共同诉讼人、诉讼代表人和第三人）、法定代理人、指定代理人和经特别授权的委托代理人。

2. 民事诉讼法律关系的内容

（1）人民法院的诉讼权利和诉讼义务。

（2）人民检察院的诉讼权利和诉讼义务。

（3）当事人的诉讼权利和诉讼义务。

（4）诉讼代理人的诉讼权利和诉讼义务。

（5）其他诉讼参与人的诉讼权利和诉讼义务。

3. 民事诉讼法律关系的客体

民事诉讼法律关系的客体是指民事诉讼法律关系主体的诉讼权利和诉讼义务所指向的对象。各个主体所享有的诉讼权利和承担的诉讼义务不尽相同，因而客体也有区别。

（1）人民法院和当事人之间的诉讼权利义务所指向的对象，是案件的事实和实体权利请求。

（2）人民法院和人民检察院之间的诉讼权利义务所指向的对象是人民法院的裁判行为。

（3）人民法院和其他诉讼参与人之间的诉讼权利和诉讼义务所指向的对象是案件的事实。

（4）当事人之间的诉讼权利义务所指向的对象是诉讼理由和诉讼请求。当事人围绕案件事实、法律依据和诉讼请求展开对抗。

（5）当事人与其他诉讼参与人之间的诉讼权利义务所指向的对象是案件的事实。

民事诉讼上的法律事实是指能够引起民事诉讼法律关系发生、变更和消灭的事实，分为以下两类：

（1）诉讼事件。

诉讼事件，是指不以人的意志为转移的一切客观情况，主要指不可抗力。如一方当事人丧失诉讼行为能力，则诉讼中止；离婚诉讼，当事人一方死亡，则诉讼终结。

（2）诉讼行为。

诉讼行为，是指民事诉讼法律关系主体在诉讼过程中依法所进行的各种诉讼活动。

诉讼行为可以分为积极的作为和消极的不作为。上诉期内提出上诉是积极的作为，不上诉则是消极的不作为。

本部分小结

学完本部分课程，大家对什么是民事诉讼是否有所了解了呢？本部分主要讲述了什么是民事纠纷、民事纠纷的解决机制、民事诉讼、民事诉讼法律关系等内容，大家一定要认真学习。课后请大家回顾相关知识，并回答：

1. 哪些纠纷属于民事纠纷？
2. 民事纠纷该怎么解决？
3. 民事诉讼有什么特点？

第二节　民事诉讼法的基本原则

导　语

民事诉讼法的基本原则是贯穿民事诉讼程序的核心精神，具体的规定和实务操作都不能违反民事诉讼法的基本原则，在法律规定不明确或者出现空白时，也要依据基本原则来进行解释和操作。那么民事诉讼法的基本原则有哪些，这些原则又有什么内容呢？我们一起来学习吧！

案例索引

张三向人民法院起诉，要求判决李四返还借款本金 2 万元。在案件审理中，借款事实得以认定。同时，法院查明李四逾期履行还款义务，法院根据银行同期定期存款利息，判决李四返还张三本金 2 万元、利息 520 元。

请问：法院的裁判符合法律规定吗？

一、当事人平等原则

（一）当事人平等原则的内容

（1）当事人的诉讼权利、义务具有平等性。

（2）人民法院应当保障和便利当事人平等地行使诉讼权利（不能偏袒或者歧视任何一方）。

（3）对当事人在适用法律上一律平等（包括程序法的适用和实体法的适用）。

（二）当事人平等原则的根据

（1）《宪法》规定公民在法律面前一律平等。

（2）当事人平等原则是民事争议的性质的必然要求。

（3）当事人平等原则是程序公正的必然要求。

二、辩论原则

辩论原则是诉讼程序民主化的重要表征，也是审判公正性与合理性的内在要求。其主要内容是：

（1）确立了当事人的辩论权。

（2）辩论的具体内容极为广泛（既包括程序方面也包括实体方面，既可以是案件的事实问题，也可以是法律问题）。

（3）辩论的表现形式和方式具有多样性（口头、书面均可）。

（4）辩论原则贯穿于民事诉讼的全过程。

三、处分原则

处分原则是指当事人可以自由地支配和处置其民事权利和诉讼权利。唯有在民事诉讼中，才实行处分原则，在刑事诉讼和行政诉讼中，则没有处分原则的规定。

处分原则的主要内容包括：

（1）当事人既可处分民事权利，也可处分民事诉讼权利。需注意的是，对民事权利的处分往往是通过对诉讼权利的处分来实现的。当然，这并不是说处分诉讼权利就一定要同时处分实体权利。例如，原告撤回诉讼并不意味着他放弃了自己的民事权利。

（2）处分原则贯穿于民事诉讼的全过程。

（3）当事人行使处分权不能超出法律规定的范围。

四、法院调解原则

法院调解原则，是指人民法院在审理民事纠纷案件时，对于能够调解解决的案件，在双方当事人自愿的前提下，在查明事实、分清是非的基础上，依法说服和疏导双方当事人达成协调，以调解方式结案的原则。其内容包括：

（1）人民法院审理民事案件时，应当根据需要和可能对当事人进行调解；

（2）人民法院的调解活动应当遵循自愿和合法的原则；

（3）法院调解原则贯穿于审判程序的各个阶段；

（4）调解不成的，应当及时判决。

五、诚实信用原则

诚实信用原则是指人民法院、当事人及其他诉讼参与人在审理民事案件和进行民事诉讼的过程中必须公正、诚实和善意，不能有滥用诉讼权利，故意拖延诉讼的行为。

诚实信用原则的内容包括：

（1）当事人有真实陈述的义务，要求当事人根据自己的主观本意真实陈述。

（2）当事人有促进诉讼的义务，要求当事人不得实施拖延或迟延诉讼的行为，并且应当协助法院进行诉讼，完成审判。

（3）禁止以欺骗的方式进行不正当的诉讼。

（4）禁反言，当事人不能在诉讼中实施相互矛盾的行为，不能在对方信赖的前提下作出违反承诺的行为，也不能利用对方的信赖行为给对方造成不利后果。

本部分小结

学完本部分课程，大家对民事诉讼法的基本原则是否有所了解了呢？本部分主要讲述了当事人平等原则、辩论原则、处分原则、法院调解原则、诚实信用原则等内容，大家一定要认真学习。课后请大家回顾相关知识，并思考：这些基本原则有什么作用？处分原则的主要内容是什么？

第三节　民事审判的基本制度

导　语

民事审判的基本制度，就是打官司和法院运行的一些“基本设定”。要到法院去为自己争取权益，就要先了解民事审判是怎么运行的。我们一起来学习一下吧！

案例索引

某区人民法院审理原告张三和被告李四借款纠纷一案。审前，法院书面告知张三合议庭由审判员甲、乙和人民陪审员丙组成。开庭后张三得知陪审员丙和被告李四是兄弟。

请问：1. 合议庭组成是否符合法律规定？

2. 张三担心丙偏袒李四，他应该怎么办？

一、合议制度

除法律规定的简易案件以独任制的形式审理外，普通的民事案件皆应以合议制的形式进行审理。

（一）合议制度的功能

（1）发挥合议庭成员的集体智慧。

（2）防止法官个人擅断。合议庭成员之间可以相互制约。

（3）防止法官因个人价值观而影响案件的公正审理。价值取向和观点不同的法官之间互相渗透，实现价值观念上的平衡。

（二）合议庭的内部关系

组成人员有同等的权利和义务。合议庭实行少数服从多数原则，但少数人意见应记入合议笔录。

（三）合议庭与院长、庭长的关系

（1）院长、庭长可以审核合议庭的评议意见和制作的裁判文书，但不得改变合议庭的评议结论。

（2）对评议结论有异议的，可以建议合议庭复议，同时应当对要求复议的问题及理由提出书面意见。合议庭复议后，庭长仍有异议的，可以将案件提请院长审核，院长可以提交审判委员会讨论决定。

（四）合议庭与审判委员会的关系

（1）合议庭对下列案件，应当提请院长决定提交审判委员会讨论决定：

1）疑难、复杂、重大或者新类型的案件，合议庭认为有必要提交审判委员会讨论决定的；

2）合议庭在适用法律方面有重大意见分歧的；

3）合议庭认为需要提请审判委员会讨论决定的其他案件，或者该院审判委员会确定的应当由审判委员会讨论决定的案件。

（2）合议庭对审判委员会的决定有异议，可以提请院长决定提交审判委员会复议。

二、陪审制度

（一）陪审制度的概念

陪审制度是指审判机关吸收法官以外的社会公众参与案件审判的制度。在英美法系国家，陪审团与法官有着明确的职责分工。陪审团的责任在于案件事实的审理和认定。法官的职责是在陪审团认定的案件事实基础上，对案件如何适用法律作出决定。在大陆法系国家，陪审人员与法官共同组成合议庭，陪审人员既参与案件事实的审理和认定的过程，也参与案件的法律适用过程。这种形态的陪审制度，又被称为参审制。

（二）我国陪审制度的内容

（1）陪审制只适用于第一审案件。

（2）案件是否实行陪审，由法院决定，当事人无权决定。

（3）对于哪些案件实行陪审，哪些案件不实行陪审，法律未作明确规定，由法院自行决定。

（4）审判员和陪审员比例未作规定。

（5）陪审员与审判员有同等的权利和义务。陪审员有权参与案件事实和法律适用的判断。

三、回避制度

（一）回避制度的概念及适用人员范围

在民事诉讼法上，回避是指审判人员以及其他有关人员如果与案件存在一定利害关系，即应退出案件审理的制度。

回避适用于下列人员：审判人员、书记员、翻译人员、鉴定人、勘验人。依法参与民事诉讼的检察人员，如与案件有利害关系，也应当适用回避制度。

（二）回避的法定条件

（1）审判人员或上述其他人员是本案当事人或当事人、诉讼代理人的近亲属。

（2）审判人员或其他有关人员与本案当事人有其他关系，可能影响案件公正审理。

（3）审判人员或其他有关人员与本案有利害关系，即审判人员或其他有关人员与案件审判结果有某种利益关系。

（三）回避的方式和程序

回避包括申请回避和自行回避两种方式。回避应当在案件开始审理时，或在法庭辩论终结前提出。回避的请求一旦被提出，则按以下程序进行审议和决定：院长担任审判长时的回避，由审判委员会决定；审判人员的回避，由院长决定；其他人员的回避，由审判长决定。是否同意回避，应作出口头的或书面的决定。当事人不服该决定的，可以申请复议，但复议期间不停止案件的审理，有关人员有权继续参与案件的审理。从当事人提出回避申请到法院作出决定之前，这一期间，除案件需要采取紧急措施如财产保全外，被申请回避的人员，应当暂时停止执行有关本案职务。

四、公开审判制度

（一）公开审判制度的内容

（1）公开审判包括审判过程的公开和审判结果的公开。

（2）审判应当向社会公众包括媒体公开。法院应当在开庭之前将审理的案件日期予以公告。对于公开审理的案件，社会公众可以径行旁听，有关媒体可以自由报道和评判。但媒体不应故意误导公众，影响法院的审判。

（3）法院应当在判决书中，将判决的事实依据和法律依据公开。

（二）不得公开审理的案件

（1）涉及国家机密的案件不得公开审理。

（2）涉及个人隐私的案件不得公开审理。

（3）法律另有规定不得公开审理的案件，法院不得公开审理。此处的“法律”应作严格的解释，即指由全国人大及其常委会制定的法律。

对于下列民事案件，法院根据当事人的申请，可以不公开审理。当事人未申请不公开的，法院仍应公开审理：

（1）离婚案件。

（2）涉及商业秘密的案件。

对于不公开审理的案件，法院仍应公开宣告判决。

本部分小结

学完本部分课程，大家对民事审判的基本制度是否有所了解了呢？本部分主要讲述了民事审判的合议制度、陪审制度、回避制度、公开审判制度等内容，大家一定要认真学习。课后请大家回顾相关知识，并回答：

1. 陪审制度的内容有哪些？
2. 回避的法定条件是什么？
3. 哪些案件不得公开审理？

第四节　法院调解与当事人和解

导　语

有的民事案件虽然已经在法院立案或者已经在审理过程中，但出于纠纷解决的目的，依然会出现调解结案或者和解结案的结果。法院调解和当事人和解也是纠纷解决的重要方式。那么，什么是法院调解？什么是当事人和解？法院调解和当事人和解会产生什么样的法律效力呢？我们一起来学习吧！

案例索引

家政服务人员张某因劳动纠纷提起诉讼，要求家政公司支付其工资共计56 000元。在法院的主持下，双方达成调解协议。协议约定：家政公司在调解书生效后10日内支付56 000元本金，另支付利息600余元。法院据此制作调解书送达各方，但家政公司反悔，拒绝签收。

请问：调解协议是否具有合法性？

一、法院调解

（一）法院调解的原则

（1）自愿原则；

（2）合法原则（合法包括实体上的合法和程序上的合法）。

（二）法院调解的程序

（1）调解可以在法庭上进行，也可以在法庭外进行。

（2）如果案件涉及第三人利益（如无独立请求权的第三人）的，应当通知第三人参与调解，防止该第三人利益受损。第三人坚决不参与调解的，不妨碍调解的进行，但调解协议内容不能涉及第三人的利益。

（三）调解协议和调解书及其效力

1. 调解协议与调解书

调解协议有以下两种：

（1）当事人自行制作书面调解协议，将各方协商的内容记录下来。

（2）由法院在法庭笔录中，将当事人各方的协议内容记录在卷，由各方当事人签字。

调解书不同于调解协议。调解书是法院批准当事人调解协议的法律文书。

下列案件法院可以不制作调解书：

（1）调解和好的离婚案件。

（2）调解维持收养关系的案件。

（3）能够及时履行的案件。

（4）其他不需要制作调解书的案件。

书记员将当事人之间协议的内容记入笔录，由当事人、审判人员、书记员签名或者盖章，即产生法律效力。如当事人要求制作，法院仍然作出调解书。

2. 调解书的效力

《民事诉讼法》第100条第3款规定：“调解书经双方当事人签收后，即具有法律效力。”签收时，一方反悔，视为调解不成立，法院应继续审理并判决。调解书应直接送达，不得公告送达、留置送达。

调解文书与判决书有同等法律效力。生效以后，当事人不得上诉。

二、当事人和解

当事人和解是指当事人在诉讼过程中，自行达成协议，解决纠纷的诉讼活动。

我国《民事诉讼法》的当事人和解分为审判程序中的和解和执行程序中的和解。前者发生在诉讼程序结束之前，后者则发生在执行完毕之前。

本部分小结

学完本部分课程，大家对法院调解和当事人和解是否有所了解了呢？本部分主要讲述了法院调解、当事人和解的基本知识，大家一定要认真学习。课后请大家回顾相关知识，并思考：法院调解和当事人和解有什么区别呢？

第五节　民事诉讼的主管和管辖

导 语

民事诉讼的主管和管辖，决定了家政服务员在遇到民事纠纷时应该到哪一家法院去打官司。那么什么是民事诉讼的主管和管辖，又应该怎样找到对自己的民事纠纷有管辖权的法院呢？我们一起来学习一下吧。

案例索引

家政服务人员张某2016年与位于甲市B区的春天家政服务公司签订劳动合同，并长期居住在甲市A区。2018年12月双方解除劳动合同，张某经同行介绍前往乙市C区工作并定居。2019年3月因春天家政服务公司一直未支付剩余的劳动报酬，张某向法院提起诉讼。

请问：张某应该向哪个地方的人民法院起诉呢？

一、民事诉讼的主管

主管，是指人民法院依法受理和解决一定范围内民事纠纷的权限。其主要的功能在于帮助当事人及时判断案件是否属于法院受理民事案件的范围，避免浪费时间和精力。

人民法院主管民事案件的范围包括：由民法调整的平等主体之间因财产和人身关系产生纠纷而引起的案件；由婚姻家庭法调整的平等主体之间因婚姻家庭关系发生纠纷而引起的案件；由劳动法调整的用人单位与劳动者之间因劳动关系发生纠纷而引起的案件；由其他法律调整的社会关系发生争议，法律明确规定依照民事诉讼程序审理的案件，例如宣告失踪、宣告死亡、选民资格案件；由民事诉讼法规定的适用特别程序审理的案件。

二、民事诉讼的管辖

（一）确定管辖的原则

（1）方便人民群众诉讼的原则。

（2）方便人民法院审判的原则。

（3）保证案件公正审判的原则。

（4）尽可能均衡各级人民法院工作负担的原则。

（5）维护国家主权的原则。

（6）原则性与灵活性相结合的原则。

（二）管辖恒定

原告起诉时，若受诉法院依民事诉讼法规定享有对本案的管辖权，则此后不论确定管辖的事实在诉讼中发生何种变化（如加大诉讼标的额，致使诉讼标的额超过受诉人民法院级别管辖权限；住所地、经常居住地变更），均不影响受诉法院对本案所享有的管辖权。

（三）级别管辖

1. 确定级别管辖的标准

（1）案件的性质，指案件的类型（难易程度）。

（2）案件的繁简程度。

（3）案件的影响范围。

（4）诉讼金额的大小。

2. 第一审民事案件的管辖

此处重点掌握中级人民法院管辖的第一审民事案件范围。根据《民事诉讼法》的规定，中级人民法院管辖下列第一审民事案件：（1）重大涉外案件；（2）在本辖区有重大影响的案件；（3）最高人民法院确定由中级人民法院管辖的案件。所谓重大涉外案件，是指争议标的额大，或者案情复杂，或者居住在国外的当事人人数众多的涉外案件。

（四）地域管辖

1. 一般地域管辖

一般地域管辖是指以当事人的所在地与人民法院的隶属关系来确定诉讼管辖。

（1）原则规定：由被告所在地人民法院管辖。

（2）例外规定：由原告所在地人民法院管辖。主要包括以下情形：

1）对不在中华人民共和国领域内居住的人提起的有关身份关系的诉讼；

2）对下落不明或者宣告失踪的人提起的有关身份关系的诉讼；

3）对被采取强制性教育措施的人提起的诉讼；

4）对被监禁的人提起的诉讼。

2. 特殊地域管辖

特殊地域管辖是指以诉讼标的物所在地或者引起民事法律关系发生、变更、消灭的法律事实所在地为标准确定的管辖。

特殊地域管辖是相对于普通管辖而言的，其特征为：各类纠纷管辖均为共同管辖，案件类型比较特殊且与法院辖区的连接呈多元化。

（1）一般合同纠纷诉讼。

由被告住所地或者合同履行地人民法院管辖。

（2）保险合同纠纷诉讼。

由被告住所地或者保险标的物所在地人民法院管辖。

（3）票据纠纷诉讼。

由票据支付地或者被告住所地人民法院管辖。

（4）运输合同纠纷。

因铁路、公路、水上、航空运输和联合运输合同纠纷提起的诉讼，由运输始发地、目的地或者被告住所地人民法院管辖。

（5）侵权纠纷。

由侵权行为地或者被告住所地人民法院管辖。其中，产品责任纠纷与网络著作权侵权纠纷作为两种特殊的侵权纠纷，其管辖具有特殊性，大家应予注意。

（6）交通事故损害赔偿纠纷。

因铁路、公路、水上和航空事故请求损害赔偿提起的诉讼，由事故发生地或者车辆、船舶最先到达地，航空器最先降落地或者被告住所地人民法院管辖。

（7）海损事故损害赔偿纠纷。

因船舶碰撞或者其他海事损害事故请求损害赔偿提起的诉讼，由碰撞发生地、碰撞船舶最先到达地、加害船舶被扣留地或者被告住所地人民法院管辖。

（8）海难救助费用纠纷。

因海难救助费用提起的诉讼，由救助地或者被救助船舶最先到达地人民法院管辖。

（9）共同海损分担纠纷。

因共同海损提起的纠纷，由船舶最先到达地、共同海损理算地或者航程终止地人民法院管辖。

3. 专属管辖

法律规定某些特殊类型的案件专门由特定的人民法院管辖。

与其他法定管辖相比，专属管辖具有极强的排他性。它既排除了任何外国法院对诉讼的管辖权，又排除了诉讼当事人以协议方式选择国内的其他法院管辖。专属管辖与一般地域管辖和特殊地域管辖的关系是：凡法律规定为专属管辖的诉讼，均适用专属管辖，不得适用一般或特殊地域管辖。

适用专属管辖的案件有以下几种：

（1）因不动产纠纷提起的诉讼，由不动产所在地人民法院管辖。

（2）因港口作业发生纠纷提起的诉讼，由港口所在地人民法院管辖。

（3）因继承纠纷提起的诉讼，由被继承人死亡时住所地或主要遗产所在地人民法院管辖。

此外，根据《民事诉讼法》第273条的规定，因在中华人民共和国履行中外合资经营企业合同、中外合作经营企业合同、中外合作勘探开发自然资源合同发生纠纷提起的诉讼，由中华人民共和国人民法院管辖。

本部分小结

学完本部分课程，大家对民事诉讼的主管和管辖是否有所了解了呢？本部分主要讲述了民事诉讼的主管和管辖，大家一定要认真学习。课后请大家回顾相关知识，并思考：侵权纠纷一般由什么法院进行管辖呢？

第六节　民事诉讼参加人与参与人

导 语

谁是民事诉讼的参加人和参与人，决定了谁能够在民事案件中扮演角色、起到作用，这在很大程度上会影响诉讼的结果。那么，什么是民事诉讼参加人？什么是民事诉讼参与人？他们在诉讼中有哪些权利义务，能起到什么样的作用呢？我们一起来学习吧！

案例索引

甲系未成年人，甲的父母因事出国，就委托家政服务人员乙全权照顾甲。某日，甲在路上行走时被丙（成年人）撞伤，造成小腿骨折。乙以原告的身份将丙起诉至法院。

请问：乙能否作为原告呢？

一、民事诉讼当事人

民事诉讼当事人的构成要件可以概括为以下三点：

（1）必须以自己的名义起诉应诉，进行诉讼活动，是诉讼权利义务的承担者；

（2）必须是向人民法院请求解决民事纠纷或保护民事权益的人及其相对方；

（3）必须在诉状内明确表示，而不问其是否是争论的民事法律关系主体。

二、诉讼权利能力与诉讼行为能力

（一）诉讼权利能力

诉讼权利能力又称当事人能力，是指能够成为民事诉讼当事人，享有民事诉讼权利和承担民事诉讼义务的法律上的资格。它不以具体案件为前提，而是从抽象的一般意义上对某人能否成为诉讼当事人加以考察和确认。具有当事人诉讼权利能力的人，并不现实地成为具体案件的当事人，要成为具体案件的当事人，还须具备当事人适格这一条件。

自然人的诉讼权利能力始于出生、终于死亡，法人和非法人组织的诉讼权利能力于成立之时产生，于终止之时消灭。这里只讨论自然人的有关问题。

1. 未出生的胎儿

一般而言，自然人的民事权利能力始于出生，终于死亡，但为了保护未来出生的胎儿的利益，我国《民法典》规定，遗产分割时，应当保留胎儿的继承份额。胎儿的权利能力是受限制的，但如果胎儿的利益受到侵犯，可以作为当事人起诉，其母则为法定代理人。

2. 死者人格权保护

死者不具有民事权利能力，不享有民事权利。但是现代民法理论认为，自然人生命终止以后，继续存在着某些与该自然人作为民事主体存续期间已取得和享有的与其人身权利相联系的利益，且死者的名誉权仍受司法保护，死者仍然享有人格权，当然也就具有一定的民事权利能力。法律或司法实践把诉讼实施权授予了死者的继承人，死者的继承人享有当事人资格。

（二）诉讼行为能力

诉讼行为能力又称诉讼能力，是指当事人自己实施诉讼行为所必要的诉讼法上的资格。

当事人的诉讼能力与民事行为能力有着密切的联系。凡具有完全民事行为能力的人都具有诉讼能力。法人和非法人组织的诉讼能力从合法成立时具有，至撤销、解散时消灭。当然，诉讼能力与民事行为能力也存在区别。诉讼能力只存在有和无的问题，而民事行为能力除了完全民事行为能力和无民事行为能力外，还存在限制民事行为能力。

三、共同诉讼人

（一）共同诉讼的概念

共同诉讼与单独诉讼相对应，指当事人一方或者双方为二人以上的诉讼，包括积极的共同诉讼、消极的共同诉讼、混合的共同诉讼三种类型。

（二）共同诉讼的意义

一方面，节省当事人及人民法院的时间、人力和费用，且使诉讼程序得以简化；另一方面，必要共同诉讼一并审判又可以避免对同一事件作出相互矛盾的裁判。

（三）共同诉讼的种类

1. 必要共同诉讼

（1）必要共同诉讼的概念及构成要件。

必要共同诉讼是指当事人一方或双方在二人以上，具有同一诉讼标的，法院必须合并审理并在裁判中对诉讼标的合一确定的共同诉讼。必要共同诉讼人具有共同的权利或义务，因而是不可分之诉，必须合并审理和判决。

（2）必要共同诉讼的类型。

1）共同诉讼人对诉讼标的有共同的权利和义务。如共有财产被人侵犯引起的诉讼。

2）共同诉讼人对诉讼标的的权利或义务，是基于同一事实或法律上的原因产生的。当事人既可以单独起诉，也可以同时起诉。法院既可以分别审理，也可以合并审理。

（3）必要共同诉讼人之间的关系。

一人所为的诉讼行为，经全体同意才对全体发生效力，对于涉及重大利益的，如和解、撤诉，有一定合理性，但一般诉讼行为若依此进行，将会极为不便。如果其中一人不出庭或不同意其他人意见，诉讼将无法进行下去。因此，在实务中采用了较为灵活的做法，只要其他共同诉讼人不表示反对，一人的行为对于全体有利的即对全体都发生效力。

2. 普通共同诉讼

（1）普通共同诉讼的概念。

普通共同诉讼是指当事人的一方或者双方为二人或二人以上，其诉讼标的是同一种类，人民法院认为可以合并审理并经当事人同意的诉讼。

（2）普通共同诉讼人之间的关系。

普通共同诉讼是一种可分之诉。诉讼人各自具有独立性，只对自己实施的诉讼行为负责，对其他共同诉讼人均不发生法律效力。

在普通共同诉讼中，一人所提出的证据可以作为对其他共同诉讼人所主张的事实进行认定的资料。一共同诉讼人的主张，如果不抵触其他共同诉讼人的行为，当他的主张对其他共同诉讼人有利益时，效力及于其他共同诉讼人，即主张共通原则。

四、诉讼代表人

（一）诉讼代表人的概念

代表人诉讼亦称群体诉讼，它是指当事人一方或者双方人数众多，由该群体中的一人或者数人代表群体起诉或者应诉，法院所作判决对该群体所有成员均有约束力的诉讼。代表群体起诉应诉的人，称为诉讼代表人。

（二）代表人诉讼的性质

代表人诉讼制度是共同诉讼制度与诉讼代理制度相融合的产物。

（三）代表人诉讼的种类

1. 按诉讼标的是否为共同的分类

（1）诉讼标的共同的代表人诉讼。

由于其诉讼标的是共同的，一般都能比较顺利地推选出代表人。但推选不出代表人时，当事人可自己参加诉讼。

（2）诉讼标的非共同的代表人诉讼。

这类诉讼具有以下特点：

1）众多当事人的诉讼标的不是共同的，只是相互牵连或者属于同一种类，使合并审理成为可能和必要。

2）众多一方当事人的人数在起诉时可能是确定的，也可能是不确定的。

3）诉讼标的非共同的代表人诉讼属于诉的合并，在不能实现合并审理的目的时，法院可依职权分别审理，当事人也可以依其处分意志退出诉讼集团而另行起诉。

2. 按当事人人数是否确定分类

（1）当事人人数确定的代表人诉讼。

形成的诉讼集团，一般情况下不会过于庞大，推选代表人相对容易一些，但推选不出代表人的当事人，在普通共同诉讼中可以另行起诉。

（2）当事人人数不确定的代表人诉讼。

代表人产生：向人民法院登记的权利人可以推选代表人进行诉讼；推选不出代表人的，人民法院可以与参加登记的权利人商定代表人；当事人推选不出代表人，又与法院协商不成的，可由人民法院在起诉的当事人中指定。

判决、裁定：其执行效力只能直接及于本案当事人。对于未参加登记的权利人，只有预决的效力。未参加登记的权利人不能直接申请执行判决、裁定。人民法院应当裁定适用已作出的判决、裁定，而无须对案件另行作出判决、裁定。这里须指出的是，倘若法院对当事人人数不确定的代表人诉讼是以调解方式结案的，调解书对未参加登记的权利人在事后提起的诉讼只具有认定事实和确定法律关系的拘束力。因此，即使后诉中的双方当事人达成与前诉完全相同的协议，法院也不能裁定适用前诉中已作出的调解书，而应当另行制作调解书。同理，未参加登记的权利人在自己提起的诉讼中与对方当事人达成调解协议的，只要调解协议关于事实的认定和法律关系的确定与原判决不相抵触，法院也可以调解结案，需要制作调解书的，应当制作调解书。

五、第三人

（一）第三人的概念

第三人是指对他人争议的诉讼标的有独立请求权，或者虽然没有独立请求权，但案件的处理结果与其有法律上的利害关系而参加到他人已经开始的诉讼中的人。

（二）第三人的种类

1. 有独立请求权的第三人

其参诉条件有以下三个：

（1）对本诉当事人所争议的诉讼标的享有独立的实体权利的请求权。即如果第三人的诉讼请求成立，原告、被告之间讼争的权利义务就全部或部分不存在或失去意义。

（2）所参加的诉讼正在进行。

（3）以起诉的方式参加诉讼。

2. 无独立请求权的第三人

案件处理结果可能与其有法律上的利害关系而参加诉讼。

（1）诉讼地位。

人民法院判决承担民事责任的第三人，有当事人的诉讼权利义务。按此规定，应当认为无独立请求权的第三人是当事人中的一种，并且在判决承担责任的情况下，还享有上诉权；但无权提出管辖权异议，无权承认和放弃诉讼请求等。“法律上的利害关系”即法律上的牵连，具体包括以下几层含义：

1）两个法律关系的主体有牵连。

2）权利义务的牵连。即法律关系内容有牵连。

3）法律事实或标的物的牵连。

（2）参诉方式。

可以自己申请，也可以由法院通知。

（3）无独立请求权的第三人的上诉权。

当一审判决其承担实体义务时，享有对该判决的上诉权。

本部分小结

学完本部分课程，大家对民事诉讼的参加人和参与人是否有所了解了呢？本部分主要讲述了民事诉讼的参加人、共同诉讼人、诉讼权利能力和诉讼行为能力、诉讼参与人等内容，大家一定要认真学习。课后请大家回顾相关知识，并回答：

1. 什么是诉讼行为能力？
2. 什么是第三人？
3. 第三人有哪几种？

第七节　民事诉讼证据

导 语

俗话说，“打官司就是打证据”，民事诉讼证据是认定案件事实的重要依据，能决定最后的裁判结果。那么，哪些是民事诉讼证据，它们分别能起到什么样的作用？如何用证据证明事实呢？我们一起来学习吧！

案例索引

哥哥张大常年在外从事家政工作，弟弟张二在家照顾父亲，后父亲去世，张大和张二因遗产继承发生纠纷。张大向法院提交了一份其父生前关于遗产分配方案的遗嘱复印件，遗嘱中有“本遗嘱的原件由张二负责保管”字样，并有张二的签名。张大在举证责任期间书面申请法院责令张二提交遗嘱原件，法院通知张二提交，但张二无正当理由拒绝提交。

请问：在这种情况下，张大如何维护自己的权益呢？

一、民事诉讼证据的概念

民事诉讼证据是指能够证明民事案件真实情况的客观事实。

二、民事诉讼证据的特征

（一）客观性

民事诉讼证据是客观存在的真实情况，是不以人的主观意志为转移的真凭实据，任何想象、揣测或臆造的东西以及伪造、虚假的东西，都不能成为民事诉讼证据。客观性是民事诉讼证据最本质、最基本的特征。

（二）关联性

民事诉讼证据与民事案件的待证事实之间存在的内在的、必然的联系，就是民事诉讼证据的关联性。

（三）合法性

1. 形式的合法性

诉讼证据形式的合法性，是指诉讼证据是符合法律规定形式的客观事实。其中包含两层意思：

（1）诉讼证据必然以法律规定的存在形式（七种）表现出来。

（2）诉讼证据必然符合法律对于证据形式的特定要求。

2. 程序的合法性

（1）只有依法定的程序与方法调查、收集、提交的证明材料才能成为诉讼证据。

（2）证明材料转化为诉讼证据的程序符合法律规定，即必须经过法律规定的质证程序。

三、民事诉讼证据的学理分类

（一）本证与反证

根据诉讼证据与证明责任的关系，可将民事诉讼证据分为本证与反证。本证就是能够证明负有证明责任的一方当事人主张的事实的证据；反证则是能够否定负有证明责任的一方当事人主张的事实的证据。原告和被告都可能提出本证，也都可能提出反证。反证的目的与作用在于削弱、动摇本证的证明力。

反证与证据反驳的区别在于：第一，反证是证明对方当事人主张的事实不存在的证据，证据反驳则是反对对方证据的诉讼活动；第二，反证针对的对象是对方主张的事实，证据反驳针对的对象则是对方提出的证据。

区分本证与反证的实践意义在于：第一，明确提供与调查证据的顺序。当本证足以确认时，才由不负证明责任的一方当事人提供反证。如果本证的证明力很弱，无法达到证明标准，对方就没有必要提供反证。第二，要求负证明责任的当事人必须提供足以证明该事实存在的本证，如果本证无法使法官形成该事实存在的内心确信，法官就不能认定该事实存在；但是，不负证明责任的当事人提供反证，只要能动摇法官对待证事实的确信，能使待证事实处于真伪不明的状态，不必使法官形成内心确信，就可达到目的。第三，方便法院作出裁判。如果本证不能使法官达到内心确信的程度，法官就会作出对负证明责任的一方当事人不利的裁判。

（二）原始证据和传来证据

原始证据比传来证据的可靠程度更高、证明力更强。当然，在诉讼中，传来证据也不可缺少。

（三）直接证据与间接证据

直接证据是能够单独地、直接地证明案件主要事实的证据，如借据、收据、合同、结婚证等；间接证据是指不能单独、直接地证明案件主要事实，但能和其他证据结合起来，共同证明和确定案件事实的证据。

间接证据的证明力不可低估，原因有以下几个方面：（1）案件事实发生在过去，在实践中许多事实只能靠间接证据来证明。（2）可以通过间接证据获取直接证据。（3）间接证据可以补强直接证据的效力，对案件事实起辅助性的证明作用，甚至可作为鉴别直接证据真伪的依据。（4）间接证据还可与直接证据结合起来，或者几个间接证据结合起来形成证据链锁，对案件事实进行证明，但应慎重。第一，必须确保每个间接证据本身都是真实可靠的；第二，间接证据必须有足够的数量，使其形成一个完整的、严密的证明体系或链锁；第三，应注意间接证据所证明的事实必须与案件本身的事实存在必然的联系；第四，应注意诸间接证据之间必须是协调一致的；第五，应注意进行综合分析。

四、民事诉讼证据的法定种类及其特征

（一）当事人的陈述

当事人的陈述具有两面性：一方面，当事人对案件发生、发展、变化的过程与细节了解得最清楚，知道得最全面，有可能从不同侧面反映出案件的真实情况；另一方面，当事人可能对不利于自己的情况避而不谈或者加以掩饰、歪曲，甚至作出虚假陈述。

（二）书证

（1）书证以其思想内容来证明民事案件事实。

（2）书证往往能够直接证明民事案件的主要事实。

（3）书证较为准确客观，即使伪造也易于发现。

（三）物证

（1）可靠性较强。

（2）稳定性较强。易腐烂变质的物品除外。

（3）直观性较强。

（4）需要结合说明发挥证明作用。

（四）视听资料

（1）信息容量大，内容丰富，能够全方位反映案件的真实情况。

（2）生动逼真，易于保存。

（3）具有较强的准确性和真实性。但是，视听资料容易伪造、剪辑、涂改、消磁等，这是这种证据的缺陷。

（五）电子数据

（1）以数字化形式存在。

（2）开放性，与互联网联系在一起。

（3）易变性与稳定性并存。

（六）证人证言

（1）客观性。不是证人对案件事实的分析评论或者主观推测。

（2）可信性。通常没有利害关系。

（3）证人的不可替代性。

（七）鉴定意见

（1）权威性。

（2）专门性。专门性问题的鉴别与判断，不是对一般性问题作出的判断。

（3）客观性。

（八）勘验笔录

（1）制作主体的特殊性。勘验笔录由审理案件的法院指派人员制作，或者在法院指派人员的参与、指导下制作。

（2）内容的客观性。

（3）制作时间的特殊性。除诉前证据保全制作的勘验笔录外，勘验笔录都是在纠纷进入诉讼程序后才制作的。

（4）制作程序的法定性。必须依法定程序进行，如出示证件、邀请或通知有关人员到场、由有关人员签字盖章等。

五、证明对象

（一）证明对象的概念

证明对象也称待证事实，是指证明主体运用证据予以证明的与案件有关的事实。

（二）证明对象的范围

（1）民事实体法事实。

（2）程序法事实。

（3）证据事实。

（4）外国法和地方性法规、习惯。

（三）免予证明的事实

（1）众所周知的事实。

（2）自然规律及定理。

（3）推定的事实，分为法律推定和事实推定两种。

（4）预决的事实，即已为法院或仲裁机构发生法律效力的裁判或裁决所确认的事实。

（5）已为有效公证文书证明的事实。

（6）自认的事实，包括：

1）当事人承认的事实；

2）对一方当事人陈述的事实，另一方当事人既未表示承认也未否认，经审判人员充分说明并询问后，其仍不明确表示肯定或否定。

自认事实无须证明的理由如下：

1）主张的不利于自己的事实是虚假的，对方应当否认或反驳。

2）表明当事人之间就该事实没有争议，因而该事实不能成为证明对象。

六、证明责任

（一）证明责任的概念

证明责任也称举证责任，是指作为裁判基础的法律要件事实在诉讼中处于真伪不明状态时，负有证实该法律要件事实的一方当事人承受不利的裁判后果的风险。应从以下几个方面进行理解：

（1）证明责任是案件事实真伪不明时的一种裁判机制，以解决无法下判的问题。

（2）证明责任是当事人的一种风险负担。

（3）证明责任只能由一方当事人负担。

（二）证明责任与提供证据的责任

由于证明责任也称为举证责任，因此容易将证明责任理解为当事人向法院提供证据的责任，其实二者是有区别的，表现为以下几个方面。

1. 承担责任的原因不同

承担证明责任的原因在于，法官只能将真伪不明的事实认定为不存在，由主张该事实存在的一方当事人承受不利的裁判后果。承担提供证据的责任的原因在于说服法官的必要性，不能使法官相信自己的主张是真实的，就可能承担不利的诉讼结果。

2. 责任转移与否不同

证明责任始终由某当事人负担。提供证据的责任随着提供证据活动的进行，会出现转移的现象。

3. 能否预先分配不同

证明责任在具体诉讼开始之前就由法律和司法解释预先分配好了，且完全不受提供证据进程的影响。提供证据的责任则无法预先分配。

4. 能否由双方当事人负担不同

证明责任只能由一方当事人负担，提供证据的责任则可能由双方当事人负担。

（三）我国民事诉讼中证明责任分配的规则

1. 一般规则

原告、被告、第三人在民事诉讼中都负有证明责任。只要提出诉讼请求或者反驳对方的诉讼请求，就必须提供证据加以证明。

2. 特殊规则

即证明责任的倒置，其目的是确保实现程序与实体的公平和正义，提高诉讼效率。适用证明责任倒置的情形如：环境污染引起的损害赔偿诉讼，由加害人负证明责任。因建筑物或者其他设施以及建筑物上的搁置物、悬挂物发生倒塌、脱落、坠落致人损害的侵权诉讼，所有人或者管理人对其无过错承担证明责任。

七、证据的收集、提供与保全

（一）证据的收集

当事人是证据收集最重要的主体。当事人及其诉讼代理人因客观原因不能自行收集的证据，可以在举证期限届满前书面申请人民法院调查收集。

可以申请法院调查收集证据的情况包括：

（1）证据由国家有关部门保存，当事人及其诉讼代理人无权查阅调取的；

（2）涉及国家秘密、商业秘密或者个人隐私的；

（3）当事人及其诉讼代理人因客观原因不能自行收集的其他证据。

（二）提供证据的时限

当事人在一定期限内不提交证据的，视为放弃举证权利。法院不组织质证，但对方当事人同意质证的除外。

举证期限的确定有两种方式：

（1）当事人协商确定并经人民法院认可。

（2）人民法院指定。当事人无法就举证期限达成一致，或者人民法院认为应当由自己指定举证期限的，人民法院可以直接指定举证期限。指定的期限不得少于30日，自当事人收到案件受理通知书和应诉通知书的次日起计算。

举证期限可以延长，但须经人民法院准许。

（三）证据审查与判断的方式——质证

1. 质证的概念

质证是指在法官的主持下，双方当事人就证明材料的客观性、关联性、合法性及其证明力的有无与大小进行质疑、说明、对质与辩驳的诉讼活动。

未经质证的证明材料，不能作为认定案件事实的依据。

2. 质证的主体与对象

质证的主体只能是当事人，具体包括原告、被告以及诉讼第三人。

质证的对象或客体就是在诉讼程序中提出的证明材料。但是，当事人在证据交换过程中认可并记录在卷的证明材料，经审判人员在庭审中说明后，可以不经质证而直接作为认定案件事实的依据。

八、证明标准

（一）证明标准的概念

证明标准指在诉讼中负证明责任的主体对案件事实加以证明所要达到的程度。

（二）民事诉讼的证明标准

民事诉讼的证明标准低于刑事诉讼的证明标准。具体来说，民事诉讼应当以高度盖然性作为证明标准。所谓高度盖然性证明标准，是指从当事人提供或法院调查收集的证据中，法官无法形成事实确实如此的确信，但形成了事实更可能如此或非常可能如此的判断，就应当作出认定该事实如此的判断。盖然性其实体现的是一种可能性的对比，即存在这种事实的可能性比不存在这种事实的可能性更大或更小。

本部分小结

学完本部分课程，大家对民事诉讼证据是否有所了解了呢？本部分主要讲述了民事诉讼证据的概念、特征、学理分类、种类，证明责任及证明责任的分配，证据的收集、提供与保全，证明标准等内容，大家一定要认真学习。课后请大家回顾相关知识，并回答：

1. 民事诉讼证据应当符合哪些特征？
2. 证明责任分配的原则是什么？
3. 民事诉讼的证明标准是什么？

第八节　财产保全和行为保全

导 语

财产保全和行为保全又被称为“假处分”，是一种在裁判生效前采取的强制性保护措施。这到底是什么意思，家政服务员在需要时又该如何用这一制度维护自身的权益呢？我们一起来学习吧！

案例索引

春天家政服务公司拖欠几十名雇员的工资高达 100 万元，后雇员向法院提起诉讼，并提出了财产保全申请，法院根据申请冻结了春天家政服务公司的一个存款 200 万元的账户。据了解春天家政服务公司经营状况良好，为当地的利税大户。

请问：法院对春天家政服务公司采取的保全措施是否正确？

一、财产保全

（一）财产保全的概念

财产保全是指为了保证将来生效判决能够得以执行，人民法院在受理诉讼前或者诉讼过程中，根据利害关系人或当事人的申请，或者依职权对当事人的有关财产依法采取强制性保护措施的制度。在海事诉讼中，财产保全一般称为“海事请求保全”。

（二）财产保全的种类

1. 诉讼中的财产保全

诉讼中的财产保全一般是在法院受理诉讼后作出判决前这段时间内申请和采取的。但以下两种情况也属于诉讼中的财产保全：

（1）当事人不服一审判决提出上诉的案件，在第二审人民法院接到报送的案件之前，当事人有转移、隐匿、出卖或者毁损财产等行为，必须采取财产保全措施的，应由第一审人民法院依当事人申请或依职权采取。第一审法院制作的财产保全裁定，应及时报送第二审人民法院。

（2）原告在起诉的同时或者在起诉后申请财产保全，但人民法院尚未受理案件的，应当认为属于诉讼中的财产保全。

采取诉讼中财产保全应当符合以下条件：

（1）采取诉讼中财产保全的案件须为给付之诉。但并非仅仅局限于给付之诉，确认之诉和变更之诉同样可能涉及财产给付问题。例如，离婚之诉乃是典型的变更之诉，但在法院判决双方当事人离婚的同时，关于夫妻共有财产的分割、子女抚育费的负担等，都存在着具体给付的问题，因而也就存在着生效判决的执行问题。

（2）须具有采取财产保全的必要性。即“可能因当事人一方的行为或者其他原因，使判决不能执行或者难以执行”。其他原因既可以是自然的原因，也可以是人为的原因。例如，标的物易腐烂、变质，不能长期保存等。

（3）一般应根据当事人的申请而采取，在必要时，法院也可以依职权裁定采取保全措施。

2. 诉前财产保全

诉前财产保全，是指在提起诉讼之前，人民法院根据利害关系人的申请，而对争议标的物或被申请人的有关财产依法采取的强制性保护措施。

采取诉前财产保全应当符合以下条件：

（1）必须是情况紧急。

（2）必须由利害关系人提出财产保全的申请。

（3）申请人必须提供担保。

3. 财产保全的范围和措施

（1）范围。

限于请求的范围（价值、金额基本相同），或者与该案有关的财物（是该案的标的物或者其他可能影响该案判决执行的财物）。

对于案外人的财产不得采取保全措施，对案外人善意取得的与案件有关的财产，一般也不得采取财产保全措施。

（2）措施。

查封、扣押、冻结、变卖财物并保存价款等。

4. 财产保全错误时的赔偿

（1）申请财产保全错误时的赔偿。

由申请人赔偿被申请人损失。因此而引起诉讼的，由采取财产保全措施的人民法院管辖。

（2）法院依职权进行财产保全错误时的赔偿。

由人民法院依法予以赔偿。

二、行为保全

（一）行为保全的概念

行为保全指为了保证法院将来的判决能够得以执行或者为了使当事人、利害关系人的权益在判决前免受进一步的损害，人民法院根据当事人或利害关系人的申请，裁定被申请人为一定行为或者不为一定行为的保全措施。

虽然《民事诉讼法》并未规定行为保全，但《海事诉讼特别程序法》《专利法》《商标法》《著作权法》都对诉前停止作了规定，从而初步确立了我国民事诉讼中的行为保全制度。

行为保全制度的意义在于填补了民事诉讼中保全制度的结构性缺失，对于紧迫性的行为可以及时制止，有效排除不法侵害人或不当行为人的损害，防止了损失的进一步扩大。同时使当事人的权利暂时处于法律保护之下，有利于判决的执行，最终实现实质的公平正义。但财产保全的对象仅限于有关财产，对行为给付之诉则无法发挥其作用。先予执行的对象尽管涵括了被申请人的行为，但该制度仅能在诉讼中适用而不可能在诉前适用。

（二）行为保全的适用范围

（1）诉前责令停止侵犯专利权行为。

（2）诉前责令停止侵犯商标专用权行为。

（3）诉前责令停止侵犯著作权行为。

（4）发布海事强制令。

（三）行为保全的适用条件

（1）有证据证明他人正在实施或者即将实施侵犯其专利权、商标专用权、著作权的行为。

（2）如不及时制止该侵权行为，将会使其合法权益受到难以弥补的损害。

（3）作出海事强制令，应当具备下列条件：

1）请求人有具体的海事请求。

2）需要纠正被请求人违反法律规定或者合同约定的行为。

3）情况紧急，不立即作出海事强制令将造成损害或者使损害扩大。

三、先予执行

（一）先予执行的概念

先予执行是民事诉讼法所规定的为了解决某些迫切需要，在判决之前执行的一种特殊执行制度。

（二）先予执行的意义

解决申请人（主要是原告）在生活、生产经营上的燃眉之急，使其合法权益在判决生效前就能够实现或部分地得以实现。

（三）先予执行的适用范围

（1）追索赡养费、扶养费、抚育费、抚恤金、医疗费用的案件。

（2）追索劳动报酬的案件。

（3）因情况紧急需要先予执行的案件。根据《最高人民法院关于适用〈中华人民共和国民事诉讼法〉的解释》第 170 条的规定，这里的“情况紧急”，是指以下几种情况：

1）需要立即停止侵害、排除妨碍的；

2）需要立即制止某项行为的；

3）追索恢复生产、经营急需的保险理赔费的；

4）需要立即返还社会保险金、社会救助资金的；

5）不立即返还款项，将严重影响权利人生活和生产经营的。

（四）先予执行的适用条件

（1）当事人之间的权利义务关系明确。存在严重争议，或者彼此间负有对待给付的义务，均不符合先予执行的条件。

（2）不先予执行将严重影响申请人的生活或者生产经营。

（3）被申请人有履行能力。

（五）先予执行的程序

（1）须当事人提出申请，人民法院不能主动依职权裁定先予执行。

（2）审查与责令申请人提供担保。法院可以责令申请人提供担保，拒不提供的，驳回申请。

（3）应注意以下几个方面的内容：

1）管辖权尚未确定的，不得裁定先予执行。

2）采取先予执行措施后，申请撤诉的，法院应当及时通知对方当事人、第三人或有关的案外人。对撤诉提出异议的，应当裁定驳回撤诉申请。

（六）先予执行错误时的补救

（1）经过审理判决申请人败诉的，申请人应当将因先予执行所取得的利益返还给被申请人。此种返还，适用“执行回转”的规定。

（2）如果返还不足以弥补被申请人的财产损失，申请人还应当赔偿其损失。

本部分小结

学完本部分课程，大家对民事诉讼的财产保全和行为保全是否有所了解了呢？本部分主要讲述了财产保全的概念和种类，行为保全的概念、适用范围和适用条件，先予执行等内容，大家一定要认真学习。课后请大家回顾相关知识，并思考：先予执行的适用范围有哪些？

第九节　对妨害民事诉讼的强制措施

导 语

如果要进行民事诉讼，家政服务员就要配合法院和法官的要求，否则就可能会被采取民事诉讼强制措施。那么妨害民事诉讼的行为该怎么判断，又有哪些强制措施可以适用呢？我们一起来学习吧！

案例索引

家政服务人员张某诉家政公司一案开庭审理过程中，张某当庭用暴力方式威胁法官王某必须判决其胜诉，法官王某对其进行了批评，张某仍不罢休，继续辱骂法官。最终由审判长批准，法院以张某妨害民事诉讼为由，决定对其拘留。

请问：张某的行为是否构成妨害民事诉讼行为？

一、与刑事诉讼中的强制措施的比较

（一）适用的主体不同

（1）民事诉讼：人民法院；

（2）刑事诉讼：人民法院、公安机关、检察机关。

（二）适用的对象不同

（1）民事诉讼：适用于当事人、其他诉讼参与人或者案外人；

（2）刑事诉讼：只适用于犯罪嫌疑人、被告人。

（三）适用的目的和条件不同

（1）民事诉讼：是一种排除性措施，目的在于排除妨害，其适用须以妨害行为实际发生为前提条件；

（2）刑事诉讼：是一种预防性措施，目的在于防止犯罪嫌疑人、被告人逃跑、毁灭罪证、自杀或继续犯罪，其适用不以前述行为的实际发生为前提条件。

（四）适用的阶段不同

（1）民事诉讼：适用于整个民事诉讼过程，包括执行阶段；

（2）刑事诉讼：适用于侦查、提起公诉和审判阶段。

（五）与判决结果的关系不同

（1）民事诉讼：和判决结果不发生任何关系；

（2）刑事诉讼：拘留和逮捕这两种强制措施，在被告人被判处刑罚时可依法折抵刑期。

（六）种类不同

（1）民事诉讼：拘传、训诫、责令退出法庭、罚款和拘留；

（2）刑事诉讼：拘传、取保候审、监视居住、拘留和逮捕。

二、妨害民事诉讼行为的构成

妨害民事诉讼行为的构成要件如下：

（1）妨害民事诉讼的行为必须已经实际发生；

（2）必须是在诉讼期间实施的行为；

（3）行为人在主观上必须是出于故意；

（4）必须是足以妨害民事诉讼进行，但尚未构成犯罪的行为。

三、妨害民事诉讼行为的种类

（1）依法必须到庭的被告拒不到庭。

（2）违反法庭规则，扰乱法庭秩序。指违反法庭规则，或者哄闹、冲击法庭，侮辱、诽谤、威胁、殴打审判人员，扰乱法庭秩序，但情节较轻的行为。如果是严重扰乱法庭秩序，则属于依法应当追究刑事责任的行为。

（3）妨害诉讼证据的收集、调查和阻拦、干扰诉讼进行。

1）伪造、毁灭重要证据，妨碍人民法院审理案件。但须注意的是，《最高人民法院关于民事诉讼证据的若干规定》没有强调必须是“重要证据”。

2）以暴力、威胁、贿买方法阻止证人作证，或者指使、贿买、胁迫他人作伪证。而《最高人民法院关于民事诉讼证据的若干规定》则直接规定“阻止证人作证”即构成妨害民事诉讼的行为，不限于采取这几种方法。

3）隐藏、转移、变卖、毁损已被查封、扣押的财产，或者已被清点并责令其保管的财产，以及转移已被冻结的财产。

4）对司法工作人员、诉讼参加人、证人、翻译人员、鉴定人、勘验人、协助执行的人，进行侮辱、诽谤、诬陷、殴打或者打击报复。

5）以暴力、威胁或者其他方法阻碍司法工作人员执行职务。

6）拒不履行人民法院已经发生法律效力的判决、裁定等法律文书。需注意《最高人民法院关于人民法院执行工作若干问题的规定（试行）》的列举性的规定。

（4）有义务协助调查、执行的单位或组织拒不履行协助义务。

（5）采取非法拘禁他人或者非法私自扣押他人财产方式追索债务。

四、强制措施的种类及其适用

（一）拘传

拘传的适用条件有以下几点：

（1）拘传的适用对象，仅限于必须到庭的被告或者给国家、集体或他人造成损害的未成年人的法定代理人，以及必须到人民法院接受询问的被执行人或被执行人的法定代表人或负责人。

（2）必须经过两次传票传唤。

（3）无正当理由拒不到庭的。

（二）训诫

训诫的适用条件有以下几点：

（1）对于前述“妨害民事诉讼行为的种类”中所述第 2、3、4、5 种妨害民事诉讼的行为，均可适用训诫措施。

（2）适用于妨害民事诉讼秩序行为较轻的行为人。

（3）以口头方式予以严肃的批评教育。

（三）责令退出法庭

适用于违反法庭规则的行为人，责令其退出法庭。

（四）罚款

对于前述“妨害民事诉讼行为的种类”中所述第 2、3、4、5 种妨害民事诉讼的行为，均可适用罚款措施。

对个人的罚款金额，为人民币 1 000 元以下，对单位的罚款金额，为人民币 1 000 元以上 3 万元以下。

（五）拘留

拘留适用于情节较重的行为。

（1）必须经过法院院长批准，并应制作拘留决定书。

（2）拘留的期限为 15 日以下。被拘留的人，由人民法院送交当地公安机关看管。

（3）在拘留期间，被拘留人承认并改正错误的，人民法院可以决定提前解除拘留。

五、对妨害民事诉讼行为人追究刑事责任的程序

（1）具有违反法庭规则，扰乱法庭秩序的行为，应当追究有关人员的刑事责任的，由审理该案的审判组织直接予以判决；在判决前，应当允许当事人陈述意见或者委托辩护人辩护。

（2）拒不履行生效判决、裁定，应当追究有关人员刑事责任的，由人民法院刑事审判庭直接受理并予以判决。

（3）依照《民事诉讼法》第 114 条第 1 款第 1 至 5 项和第 120 条的规定，应当追究有关人员刑事责任的，依照刑事诉讼法的规定办理。

上述第（1）种和第（2）种情形的规定，应当认为不再具有法律效力。就第（1）种情形而言，应由公安机关予以立案管辖。第（2）种情形属于“拒不执行判决裁定罪”，由公安机关立案侦查，不属于人民法院直接立案受理的案件范围。但人民法院在执行判决、裁定过程中，可以先行拘留。

本部分小结

学完本部分课程，大家对妨害民事诉讼的强制措施是否有所了解了呢？本部分主要讲述了妨害民事诉讼行为的构成、种类，以及强制措施的种类及适用等内容，大家一定要认真学习。课后请大家回顾相关知识，并回答：

1. 适用强制措施的目的是什么？
2. 妨害民事诉讼的行为有哪些？
3. 强制措施有哪几种？

第十节　诉讼费用

导 语

向法院提起民事诉讼，是要缴纳诉讼费用的。那么，诉讼费用能不能不交？如果一定要预交，应该预交多少？最后由谁来负担诉讼费用呢？我们一起来学习吧！

案例索引

家政服务人员张某在路上被车撞伤，因车主拒绝赔偿，张某准备去法院起诉。但是由于受伤期间张某无法工作，且需要支付医疗费用，张某没有办法支付诉讼费用。

请问：这种情况下如何对张某予以救济呢？

一、诉讼费用的预交

诉讼费用由原告、反诉人、上诉人或申请人预交。此外，《诉讼费用交纳办法》还就诉讼费用预交的时间作了明确的规定。第一审案件的受理费，由原告接到人民法院预交诉讼费用通知的次日起 7 日内预交；被告反诉的，应当在提出反诉的同时预交，当事人在预交期内既未申请缓交又不预交的，按撤诉处理。上诉案件的受理费，由上诉人向人民法院提交上诉状时预交。双方都上诉的，由双方当事人分别预交。上诉人在上诉期内未预交诉讼费用，人民法院应通知其预交。上诉人在接到人民法院预交案件受理费的通知后 7 日内未预交而又不申请缓交的，按自动撤诉处理。申请人依法申请财产保全，海事海商案中申请扣押船舶、申请债权登记、申请留置货物和燃料等，申请人依法申请支付令以及申请公示催告的，申请费由申请人向人民法院提出申请时预交。

如果是中止诉讼、中止执行的案件，已交纳的案件受理费、申请费不予退还。中止诉讼、中止执行的原因消除，恢复诉讼、执行的，不再交纳案件受理费、申请费。

二、诉讼费用的负担

（一）诉讼费用负担的原则

我国诉讼收费规则在确立败诉人负担这一一般原则的同时，也作了某些例外规定，例如离婚案件诉讼费用的负担由双方当事人协商解决；协商不成的，由人民法院决定；民事案件的原告或者上诉人申请撤诉，人民法院裁定准许的，案件受理费由原告或者上诉人负担；当事人在法庭调查终结后提出减少诉讼请求数额的，减少请求数额部分的案件受理费由变更诉讼请求的当事人负担；债务人对督促程序未提出异议的，申请费由债务人负担。

（二）一审案件诉讼费用的负担

一审案件诉讼费用的负担，主要有以下几种情形。

1. 败诉人负担

一审案件诉讼应由败诉方负担，这是诉讼费用负担的一般原则。

2. 按比例负担

当事人部分败诉、部分胜诉的，诉讼费用由当事人双方按责任大小的比例分担；共同诉讼人败诉的，由法院根据共同诉讼人各自对诉讼标的的利益比例决定各自负担的金额。

3. 人民法院决定负担

这适用于离婚案件诉讼费用的负担。离婚案件有其特殊性，产生离婚纠纷的原因也各不相同。决定离与不离的因素是特定的，即夫妻感情是否破裂。所以在离婚案件中，败诉的一方不一定就是造成纠纷的责任人，胜诉的一方也不一定对离婚没有责任。因此，《诉讼费用交纳办法》第 33 条规定，离婚案件诉讼费用的负担由双方当事人协商解决；协商不成的，由人民法院决定。

4. 原告负担

撤诉的案件，案件受理费由原告负担，减半收取。这主要是因为撤诉本身就说明原告曾经提起的诉讼没有必要进行下去，同时又考虑到撤诉有利于息讼，所以，不论是原告自己撤诉，还是因谅解对方而撤诉，案件受理费均由原告负担。同时基于司法耗费与诉讼费用支出相一致的原理，对撤诉的案件采取减半征收的办法。此外，对于驳回起诉的案件，其案件受理费也由起诉的当事人负担。

5. 协商负担

调解达成协议的案件，诉讼费用由当事人协商负担；协商不成的，由人民法院决定。

6. 当事人自行负担

当事人因自身原因未能在举证期限内举证，在二审或者再审期间提出新的证据致使诉讼费用增加的，增加的诉讼费用由该当事人负担。

（三）二审案件诉讼费用的负担

第二审案件也是由败诉方承担诉讼费用。但是第二审人民法院改变第一审人民法院作出的判决、裁定的，应当相应变更第一审人民法院对诉讼费用负担的决定。

人民法院决定将案件发回重审的，应当退还上诉人已交纳的第二审案件受理费。

第一审人民法院裁定不予受理或者驳回起诉的，应当退还当事人已交纳的案件受理费；当事人对第一审人民法院不予受理、驳回起诉的裁定提起上诉，第二审人民法院维持第一审人民法院作出的裁定的，第一审人民法院应当退还当事人已交纳的案件受理费。

（四）再审案件诉讼费用的负担

根据民事诉讼法审判监督程序审理的案件，当事人不交纳案件受理费。但是，下列情形除外：当事人有新的证据，足以推翻原判决、裁定，向人民法院申请再审，人民法院经审查决定再审的案件；当事人对人民法院第一审判决或者裁定未提出上诉，第一审判决、裁定或者调解书发生法律效力后又申请再审，人民法院经审查决定再审的案件。

三、诉讼费用的免交与司法救助

（一）诉讼费用的免交

下列案件不交纳案件受理费：

（1）按特别程序审理的案件；

（2）裁定不予受理、驳回起诉、驳回上诉的案件；

（3）对不予受理、驳回起诉和管辖权异议裁定不服，提起上诉的案件；

（4）除《诉讼费用交纳办法》第 9 条规定的两种情形之外的根据民事诉讼法规定的审判监督程序审理的案件。

（二）司法救助

司法救助，是指人民法院对于民事、行政案件中有充分理由证明自己合法权益受到侵害，但经济确有困难的当事人，实行诉讼费用的缓交、减交和免交。

根据《诉讼费用交纳办法》第 45 条的规定，当事人申请司法救助符合下列情形之一的，人民法院应当准予免交诉讼费用：

（1）残疾人无固定生活来源的；

（2）追索赡养费、扶养费、抚育费、抚恤金的；

（3）最低生活保障对象、农村特困定期救济对象、农村五保供养对象或者领取失业保险金人员，无其他收入的；

（4）因见义勇为或者为保护社会公共利益致使自身合法权益受到损害，本人或者其近亲属请求赔偿或者补偿的；

（5）确实需要免交的其他情形。

根据《诉讼费用交纳办法》第 46 条的规定，当事人申请司法救助，符合下列情形之一的，人民法院应当准予减交诉讼费用：

（1）因自然灾害等不可抗力造成生活困难，正在接受社会救济，或者家庭生产经营难以为继的；

（2）属于国家规定的优抚、安置对象的；

（3）社会福利机构和救助管理站；

（4）确实需要减交的其他情形。

人民法院准予减交诉讼费用的，减交比例不得低于 30％。

根据《诉讼费用交纳办法》第 47 条的规定，当事人申请司法救助，符合下列情形之一的，人民法院应当准予缓交诉讼费用：

（1）追索社会保险金、经济补偿金的；

（2）海上事故、交通事故、医疗事故、工伤事故、产品质量事故或者其他人身伤害事故的受害人请求赔偿的；

（3）正在接受有关部门法律援助的；

（4）确实需要缓交的其他情形。

人民法院对一方当事人提供司法救助，对方当事人败诉的，诉讼费用由对方当事人负担；对方当事人胜诉的，可以视申请司法救助的当事人的经济状况决定其减交、免交诉讼费用。对于人民法院准予当事人减交、免交诉讼费用的，应当在法律文书中载明。

本部分小结

学完本部分课程，大家对民事诉讼的诉讼费用是否有所了解了呢？本部分主要讲述了民事诉讼费用的负担、免交与司法救助等内容，大家一定要认真学习。课后请大家回顾相关知识，并思考：什么情况下当事人可以申请司法救助？

第十一节　普通程序

导 语

民事诉讼最核心的程序就是审判了，在审判中法官将会综合认定事实、适用法律，最终作出裁定或者判决。那么审判程序是如何一步步进行的呢？我们一起来学习吧！

案例索引

张某和李某订立了房屋租赁合同，后张某向法院起诉，要求李某依照合同支付租金。而李某则诉称，张某欠其 5 000 元，已经超过租金。

请问：李某的诉求是否构成反诉？

一、普通程序的概念和特点

（一）普通程序的概念

普通程序是指人民法院审理第一审民事诉讼案件时通常所适用的程序。

（二）普通程序的特点

（1）普通程序具有普遍的适用性。

（2）普通程序体系完整、内容全面。

（3）普通程序还具有类似审判程序通则的功能。

（4）普通程序是其他审判程序的基础。

二、起诉和受理

（一）起诉的条件

（1）原告是与本案有直接利害关系的自然人、法人或非法人组织。

（2）有明确的被告。“明确的被告”在法律上要求包括：被告是自然人的，其姓名、性别、年龄、民族、职业、工作单位、住所等情况是准确的；被告是法人的，其名称、住所和法定代表人的姓名是明确的。只有有了明确的被告，诉讼才有可能具体化或特定化，即才能确定诉讼是在谁与谁之间进行。

（3）有具体的诉讼请求和事实、理由。

（4）属于人民法院主管范围和受诉人民法院管辖。

（二）起诉的方式

以书面起诉为原则，口头起诉为例外。

（三）受理

法院决定立案审理。

审查上需注意：

（1）《民法典》第1082条规定，女方在怀孕期间、分娩后1年内或终止妊娠后6个月内，男方不得提出离婚；但“女方提出离婚或者人民法院认为确有必要受理男方离婚请求的除外”。

（2）判决不准离婚和调解和好的离婚案件，以及判决、调解维持收养关系的案件，没有新情况、新理由，原告在6个月内又起诉的，不予受理。原告撤诉或按撤诉处理的离婚案件，没有新情况、新理由，可比照本条规定，不予受理。

【提示】从司法实践情况来看，自当事人提起符合法律规定条件的诉讼时就开始计算。因为，此时已经表明当事人一方向另一方提出了权利请求。

三、反诉

反诉，是指在诉讼过程中，本诉被告针对本诉原告向法院提出的独立的反请求。

（一）反诉与反驳诉讼请求的不同

反驳，是指被告提出有利于自己的事实和根据，否定原告所提诉讼请求的一项诉讼权利。

反诉与反驳有以下不同：

（1）法律性质不同。反诉属于请求权的范畴，反驳属于抗辩权的范畴；

（2）独立性不同。反诉是一种独立的诉讼请求，反驳则仅仅是对原告请求和理由的简单、直接否定，不具有诉讼性质，不主张独立的请求和权利。反诉可以和本诉合并审理，也可以不合并审理而另行起诉。反驳必须依存于本诉。

(3) 提起的时间不同。反诉只能在一审举证期限届满前提起；而反驳则可以在一审、二审、再审程序中的任何时候提出。

(4) 目的不同。反诉的目的是抵销、吞并和推翻原告的诉讼请求，甚至实现反给付的作用。而反驳只能使原告请求全部或者部分不成立而败诉。

(二) 反诉的条件

(1) 反诉只能由本诉的被告向本诉的原告提起。

(2) 反诉应当在本诉提起之后辩论终结之前提出。

(3) 反诉应当向本诉的受理法院提出。

(4) 反诉与本诉之间具有牵连关系。可以是在诉讼标的上的牵连，也可以是争议事项所涉及的法律事实上的牵连。

四、审理前的准备

(一) 向被告送达起诉书副本，限期被告提出答辩状

《最高人民法院关于民事诉讼证据的若干规定》(以下简称《民事证据规定》) 中规定，被告应当在答辩期届满前提出书面答辩。

(二) 发送受理案件通知书、应诉通知书和举证通知书

在通知书中告知当事人有关的诉讼权利和诉讼义务及合议庭组成人员。根据法律规定，告知当事人诉讼权利和诉讼义务也可以采取口头形式，在司法实践中大多采取书面告知的形式。

告知当事人合议庭组成人员，目的有两个，一是便于当事人在案件的审理过程中与审判人员联系；二是有利于当事人申请回避。

根据《民事证据规定》，举证通知书应当载明举证责任的分配原则与要求、当事人可以向人民法院申请调查取证的情形、人民法院根据案件情况指定的举证期限以及逾期举证的法律后果。

(三) 审核诉讼材料，调查收集必要的证据

这是为了对整个案情有一定程度的了解，对双方当事人各自的主张、相应的事实与理由、双方当事人争执的主要焦点等问题有一个总体上的掌握，同时，也可便于审判人员确定证明对象以及收集、调查证据的方向等。

根据《民事证据规定》，经当事人申请，人民法院可以组织当事人在开庭审理前交换证据。人民法院对于证据较多或者复杂疑难的案件，应当组织当事人在答辩期届满后、开庭审理前交换证据。

交换证据的时间可以由当事人协商一致并经人民法院认可，也可以由人民法院指定。人民法院组织当事人交换证据的，证据交换日原则上为举证期限届满之日。

证据交换应当在审判人员的主持下进行。在证据交换的过程中，审判人员对当事人无异议的事实、证据应当记录在卷；对有异议的证据，按照需要证明的事实记录在卷，并记载异议的理由。通过证据交换，确定双方当事人争议的主要问题。

证据交换一般不超过两次。但重大、疑难和案情特别复杂的案件，人民法院认为确有必要再次进行交换证据的除外。

（四）追加当事人

在诉讼开始后，法院通知应当参加诉讼而没有参加诉讼的人参加诉讼，使其成为本案当事人，这就是追加当事人。

对于必须共同诉讼的当事人没有参加诉讼的，法院应当通知其参加。具体当事人的地位和人数由案件具体情况而定。

人民法院追加当事人可以依当事人的申请，也可以依职权主动进行追加。被通知追加的当事人应当按照通知要求按时参加诉讼。但是如果被追加的是原告，而他有明确表示放弃实体权利，可以不予追加。

被追加的当事人不出庭进行诉讼的，不影响法院对案件的审判，所做的裁判对其也具有约束力。追加当事人后，不终止原来的诉讼，原有当事人的诉讼行为仍然有效。

五、开庭审理

（一）开庭审理的法定形式

（1）开庭审理应当在法庭上进行。

（2）开庭审理原则上要采取公开审理的方式。

（3）开庭审理应当以言词审理的形式进行。

（二）开庭审理的程序

1. 预备阶段

预备阶段的内容包括：查明当事人和其他诉讼参与人是否到庭，宣布法庭纪律；核对当事人，宣布案由及审判人员、书记员名单；口头告知当事人有关的诉讼权利和义务，询问当事人是否提出回避申请。

2. 法庭调查阶段

法庭调查按下列顺序进行：

（1）当事人陈述。按原告、被告、诉讼中第三人的顺序进行。

（2）告知证人的权利义务，证人作证，宣读未到庭的证人证言。

案件的证人有若干个的，应当分别出庭提供证言；证人出庭确实有困难的，可以提交书面证言，当庭宣读。

（3）出示书证、物证和视听资料。

（4）宣读鉴定结论。审判人员可以进行询问，当事人、诉讼代理人经法庭许可，也可对鉴定人进行询问，如果认为鉴定结论不实，可以要求重新鉴定，但是否准许，由法庭决定。

（5）宣读勘验笔录。法庭应当询问当事人对勘验笔录的意见。经法庭许可，当事人及其诉讼代理人可以对勘验人员进行询问，认为勘验笔录有问题的，可以请求重新勘验，是否准许，由人民法院决定。

法庭调查结束之前，审判人员还应分别询问当事人及其诉讼代理人是否还有意见，当事人及其诉讼代理人可作最后陈述。法庭认为案件证据均已在法庭上出示，案件事实基本已经清楚，即可宣布法庭调查结束。

3. 法庭辩论阶段

法庭辩论的顺序依次是：

（1）原告及其诉讼代理人发言。

（2）被告及其诉讼代理人答辩。

（3）第三人及其诉讼代理人发言或答辩。

（4）各方当事人相互辩论。

辩论终结之前，审判长应按原告、被告、第三人的顺序，征询他们各自的最后意见。辩论终结后，法庭作出裁判前，对于能够调解的，法院应依法进行调解。

4. 评议和宣判阶段

（1）合议庭评议。

审判长宣布休庭，合议庭全体成员退庭对案件进行评议。

（2）宣判。

可当庭宣判，也可定期宣判。当庭宣判的，在 10 日内送达判决书或裁定书。

人民法院应向当事人说明上诉权和上诉期限。宣告离婚判决时，还必须告知当事人在判决书发生法律效力之前，不得另行结婚。

六、延期审理

可以延期审理的情形有以下四种：

（1）必须到庭的当事人和其他诉讼参与人有正当理由没有到庭。

（2）当事人临时提出回避申请。

（3）需要通知新的证人到庭，调取新的证据，重新鉴定、勘验，或者需要补充调查。

（4）其他应当延期的情形。

延期审理不同于开庭审理中的休庭。休庭是暂停，无须法定理由。

七、撤诉和缺席判决

（一）撤诉的种类

撤诉包括申请撤诉和按撤诉处理两种类型。申请撤诉是指申请人在法院立案受理后宣告判决前，以书面或口头形式向法院提出撤回其诉讼请求。按撤诉处理，是指当事人虽然没有提出撤诉申请，但其在诉讼中的一定行为已经表明其不愿意继续进行民事诉讼，因而法院决定注销案件不予审理的行为。

（二）缺席判决的适用

（1）必须到庭的被告经传票传唤，无正当理由拒不到庭的，或者未经法庭许可中途退庭的。

（2）被告反诉，必须到庭的原告即反诉的被告经传票传唤，无正当理由拒不到庭的，或者未经法庭许可中途退庭的，人民法院对反诉可以缺席判决。

（3）原告申请撤诉，法院裁定不准许撤诉的，原告经传票传唤，无正当理由拒不到庭或未经法庭许可中途退庭的。

有独立请求权的第三人具有原告上述两种类似情形的，可以缺席判决。

（4）无诉讼行为能力的被告的法定代理人，经传票传唤，无正当理由拒不到庭的。

（5）无独立请求权的第三人经传票传唤，无正当理由拒不到庭，或未经法庭许可中途退庭的，不影响法庭对案件的审理；经审理，确定无独立请求权的第三人承担责任的，对无独立请求权的第三人可以缺席判决。

八、诉讼中止

诉讼中止是指在诉讼过程中，因特殊情况的发生而导致诉讼程序中途停止的一种法律制度。

诉讼中止与延期审理有以下几点不同：

（1）导致诉讼暂时停止和延期审理的事由在性质上是不同的。可以裁定诉讼中止的事由无法通过人民法院的客观努力而消除，延期审理则相反。

（2）适用时间不同。诉讼中止可以发生在诉讼程序开始之后指导作出裁判之前的任何诉讼阶段，延期审理只能适用于开庭审理阶段。

（3）适用效果不同。诉讼中止会导致案件诉讼程序中途搁置，受诉法院和当事人、诉讼参与人与本案相关的一切诉讼活动应当停止进行；延期审理仅仅是将开庭审理的日期拖延，有关诉讼活动不会因此停止。

本部分小结

学完本部分课程，大家对民事诉讼的审判程序是否有所了解了呢？本部分主要讲述了从起诉和受理到裁判生效的全过程，以及一些特殊的审判程序，大家一定要认真学习。课后请大家回顾相关知识，并回答：

1. 起诉的条件有哪些？
2. 什么是反诉？
3. 开庭审理的程序是怎样的？

第十二节　特别程序

导语

特别程序是指人民法院审理某些非民事权益纠纷案件所适用的特殊程序。适用特别程序审理的案件具体包括：选民资格案件、宣告公民失踪案件、宣告公民死亡案件、认定公民无民事行为能力案件、认定公民限制民事行为能力案件和认定财产无主案件。我们一起来学习吧！

案例索引

家政服务人员李某因债务人刘某下落不明申请宣告刘某失踪。法院经审理宣告刘某为失踪人，并指定刘妻为其财产代管人。判决生效后，刘父认为由刘妻代管财产会损害儿子的利益，要求变更刘某的财产代管人。

请问：本案应当适用什么程序？

一、我国立法上特别程序的共同规则

（1）优先适用特别程序规定。

（2）实行一审终审。

（3）审判组织有特别要求。选民资格案件或者重大、疑难的非讼案件，由审判员组成合议庭审理；其他案件由审判员一人独任审理。

（4）非讼程序中若存在民事权益争议，则应终结特别程序（告知利害关系人可以另行起诉）。

（5）审限较短。在立案之日起 30 日内或者公告期满后 30 日内审结；有特殊情况需要延长的，由该院院长批准；而选民资格案件须在选举日前审结。

（6）判决生效后，如果发现判决在认定事实或适用法律方面有错误，或者是出现了新情况、新事实，不能按照再审程序对该判决提起再审，但是法院根据有关人员的申请，查证属实之后，可依特别程序的规定撤销原判决，作出新判决。

（7）按特别程序审理的案件，一律免交诉讼费用。

二、审理选民资格案件的特别程序

（1）必须以选举委员会对选民资格有争议的申诉作出了处理决定为前置条件。公民只能对选举委员会的申诉决定提起诉讼，不能直接向法院提起诉讼。

（2）诉讼当事人是起诉人和选举委员会。起诉人既可以是选民资格发生争议的公民本人，也可以是对选举委员会关于选民资格的申诉处理决定不服的其他公民或有关组织。

（3）公民必须在选举日的5日以前向选区所在地的基层法院起诉。选民资格案件由选区所在地的基层人民法院专属管辖。

（4）法庭审理采用由审判员组成的合议制，并且要经过法庭调查和法庭辩论及合议庭的评议。

（5）法院的判决一经作出即生效。判决书应当在选举日前送达起诉人和选举委员会，并通知有关公民。

三、宣告公民失踪、死亡案件的审判程序

（一）申请和受理

申请宣告公民失踪、死亡必须具备以下条件：

（1）公民下落不明达到法定期限或具备法定条件。宣告失踪的，满2年。宣告死亡的，满4年，因意外事故下落不明的满2年（死亡的可能性比较大），并且应经有关机关证明该公民不可能生存。

从公民最后离开自己住所地或居所地之次日起连续计算，中间不能间断；如有间断，则应从最后离开自己住所地或居所地之次日起连续计算。因意外事故下落不明的，从事故发生之次日起连续计算。战争期间下落不明的，从战争结束之次日起连续计算。

（2）须是与下落不明的公民有利害关系的人提出申请。有利害关系的人是指与下落不明的公民有人身关系或者民事权利义务关系的人，包括失踪公民的配偶、父母、成年子女、祖父母、外祖父母、成年兄弟姐妹等，以及其他与失踪公民有民事权利义务关系的人，如债权人。

（3）须以书面形式提出申请。

（4）须向有管辖权的法院（下落不明人住所地的基层法院）提出申请。

同一顺序的利害关系人，有的申请宣告死亡，有的不同意申请宣告死亡，人民法院应当依法按照宣告死亡案件审理。

（二）公告和判决

1. 公告

宣告失踪的公告期间为3个月。宣告死亡的公告期间为1年；因意外事故下落不明经有关机关证明该公民不可能生存的，宣告死亡的公告期间为3个月。

2. 判决

公告期满之前，获知下落不明公民确实死亡或者还生存着，判决驳回申请，终结案件的审理。

公告期满，下落不明公民仍然下落不明的，判决宣告该公民为失踪人或死亡。判决书除应送达申请人外，还应在被宣告死亡公民住所地和法院所在地公告。判决一经宣告，即发生法律效力。

判决中应当确定被宣告死亡人的死亡日期，判决中未确定死亡日期的则以判决宣告之日为死亡日期。

（三）宣告失踪、死亡的法律后果

1. 判决宣告失踪的法律后果

为失踪人设立财产代管人，财产代管人有权保管失踪人的财产，有权代理失踪人进行有关民事活动以及其他法律活动，比如以失踪人的财产支付失踪人所欠税款、债务和应付的其他费用，并且可以以当事人身份提起或参加有关失踪人及其财产的民事诉讼和仲裁等解决民事纠纷活动。但是，失踪人的民事权利能力并不消灭，与失踪人人身有关的民事法律关系（如婚姻关系、收养关系等）也不发生变化。例如，在宣告失踪以后涉及继承问题，仍然应当为失踪人保留其应继承的份额。

财产代管人可以是失踪人配偶、父母、成年子女或者关系密切的亲属、朋友。如果没有上述代管人或者对代管人有争议的，应由法院指定代管人。

2. 判决宣告死亡的法律后果

公民被宣告死亡和自然死亡的法律后果基本相同：该公民的民事权利能力因宣告死亡而终止，与其人身有关的民事权利义务也随之终结，如原有的婚姻关系自然消灭，继承因宣告死亡而开始。但是，该法律后果仅存在于该公民以原住所地或原居所地为中心的范围内，如果该公民在异地生存，那么在生存地仍然具有民事权利能力，仍然有权进行民事活动。

（四）宣告失踪、死亡判决的撤销

1. 宣告失踪判决的撤销

被宣告失踪人重新出现或者确知其下落时，失踪人或者利害关系人可以向原判决法院申请撤销判决。法院审查核实后，作出新判决，撤销原判决。

原判决撤销后，财产代管人的职责终止，他应当把代管人的财产及时返还给该公民。

2. 宣告死亡判决的撤销

被宣告死亡人重新出现或者确知其下落时，经本人或利害关系人申请，人民法院应当作出新判决，撤销原判决。该公民有权请求返还其所有的财产，原物在的应当返还原物，原物不在或者原物受损的则应给予适当的补偿。如果其配偶尚未再婚，原婚姻关系从死亡宣告撤销之日起自动恢复；配偶已再婚的，其新的婚姻关系仍然有效，原婚姻关系不能自行恢复。其子女被人收养的，其合法收养关系仍然有效，但收养人与被收养人可协商解除收养关系。

四、认定公民无民事行为能力、限制民事行为能力案件的审判程序

（一）概念

因精神病或其他疾病而全部丧失或部分丧失民事行为能力的公民，法院根据利害关系人的申请，通过法定程序确定并宣告该公民为无或限制民事行为能力人。

（二）申请

申请法院认定公民无民事行为能力、限制民事行为能力，必须具备下列条件：

（1）被申请人必须是已成年的却因精神病或其他疾病而全部或部分丧失民事行为能力的公民。8 周岁以下的无民事行为能力人、8 周岁以上 18 周岁以下的限制民事行为能力人不得作为被申请人，他们当然由其法定监护人来保护其权益。

（2）必须由利害关系人提出申请。主要包括：被申请人的配偶、父母、成年子女、成年兄弟姐妹、祖父母、外祖父母、成年孙子女、成年外孙子女，或者愿意承担监护责任、经被申请人所在单位或者所在居民委员会或村民委员会同意的、与被申请人关系密切的其他亲属、朋友。

（3）必须采用书面形式提出申请。如果有医院出具的诊断证明或鉴定结论，也应当一并提交人民法院。

（4）必须向有管辖权的法院（被申请人住所地的基层法院）提出申请。

（三）审理和判决

1. 审理

（1）为被申请人确定诉讼代理人。申请人不得作为被申请人的诉讼代理人，其可能与被申请人存在着利害冲突。应由其近亲属推选代理人，如果互相推诿则由法院指定。该公民健康状况许可的，还应当询问本人意见。

（2）调查被申请人是否为无民事行为能力、限制民事行为能力。

2. 判决

认为被申请人并未丧失民事行为能力的，判决驳回申请；认为该公民确实是无民事行为能力或者限制民事行为能力的，则判决被申请人为无民事行为能力人或者限制民事行为能力人。

（四）判决的撤销

根据本人或其监护人的申请，证实该公民无民事行为能力、限制民事行为能力的原因已经消除的，作出新判决，撤销原判决。

五、认定财产无主案件的审判程序

（一）申请

自然人、法人或者非法人组织向法院申请认定财产无主，应具备下列条件：

（1）某项有形财产的权利主体不明或不存在的状态须持续一定期间，此期间应由民事实体法规定。

（2）必须是有形财产。

（3）申请人须向有管辖权的法院（无主财产所在地的基层法院）提出书面申请。

（二）公告和判决

法院受理后应发出财产认领公告，公告期限为 1 年。届满后，如果财产所有人或者继承人等出现，或者获悉该项财产的确实归属的，经核实后，判决驳回申请，并通知财产所有人或者继承人等认领财产。

公告期满后，如果财产所有人或者继承人等仍然不明或没有出现，或者仍然不知该项财产的确实归属的，经核实后，判决认定该项财产为无主财产，并判归国家或集体所有。

《最高人民法院关于适用〈中华人民共和国民事诉讼法〉的解释》第 350 条规定："认定财产无主案件，公告期间有人对财产提出请求的，人民法院应当裁定终结特别程序，告知申请人另行起诉，适用普通程序审理。"

（三）判决的撤销

在诉讼时效期间内，原财产所有人或者继承人等可以向作出财产无主判决的法院提出书面申请，要求撤销原判决。法院审查属实后，应当作出新判决，撤销原判决，申请人取得财产所有权。原财产存在的，应返还原财产；原财产无法返还的，应返还同类财产或者按照原财产的价值返还。

本部分小结

学完本部分内容，大家对于民事诉讼的特别程序是否有所了解了呢？本部分主要讲述了选民资格案件、宣告失踪或者宣告死亡案件、认定公民无民事行为能力或者限制民事行为能力案件、认定财产无主案件的审判程序。课后请大家回顾相关知识，并回答：

1. 什么是特别程序？
2. 特别程序适用于哪些案件范围？
3. 各种特别程序案件如何适用？

第十三节　执行程序和执行措施

导 语

在法院作出民事判决之后，要在现实中实现裁判文书规定的权利义务，可能还要向法院申请启动执行程序。那么该如何启动执行程序，执行程序又是如何进行的，在执行程序中可以采取哪些执行措施呢？我们一起来学习吧！

案例索引

张某在网上发表文章指责家政服务人员李某工作不认真，且盗窃其财物，导致李某遭受了网络暴力。李某为此向法院起诉。经审理，张某指责的内容全部为其编造，法院判决张某公开向李某赔礼道歉，并赔偿其精神损失，但张某拒绝履行。

请问：法院可以采取哪些执行措施？

一、执行管辖的种类

执行管辖即执行案件的管辖，是指根据法律规定，在人民法院系统内部，划分各级人民法院和同级人民法院之间强制执行案件的分工和权限。执行管辖可以分为级别管辖、普通管辖、特别管辖、共同管辖和移送管辖五大类。此处只讲执行级别管辖。

人民法院作出的生效裁判的执行，由第一审人民法院管辖。其他机构作出的生效法律文书的执行，由中级人民法院管辖，主要包括以下情形：

（1）我国涉外仲裁机构作出的仲裁裁决，由债务人住所地或被执行的财产所在地的中级人民法院管辖；

（2）涉外仲裁过程中，当事人申请财产保全，经仲裁机构提交人民法院的，由被申请人住所地或被申请保全的财产所在地中级人民法院裁定并执行，申请证据保全的，由证据所在地的中级人民法院裁定并执行；

（3）专利管理机关依法作出的处理决定和处罚决定，由被执行人住所地或财产所在地的省、自治区、直辖市有权受理专利纠纷案件的中级人民法院执行；

（4）国务院各部门及各省、自治区、直辖市人民政府和海关依照法律、法规作出的处理决定和处罚决定，由被执行人住所地或财产所在地的中级人民法院执行。

二、执行根据

（一）执行根据的概念

执行根据也称执行名义，是指当事人据以申请和人民法院据以采取执行措施的各种生效法律文书。

（二）执行根据的分类

1. 人民法院制作的发生法律效力的法律文书

（1）人民法院制作的已经发生法律效力的、具有给付内容的民事判决书、裁定书、调解书、民事制裁决定书。

（2）人民法院制作的行政判决书、裁定书以及行政赔偿调解书。

（3）人民法院制作的已经发生法律效力的刑事判决书、裁定书中的财产部分以及刑事附带民事判决书、裁定书和调解书。

（4）人民法院制作的先予执行、财产保全裁定书。

（5）人民法院发出的要求债务人履行债务的支付令。

（6）人民法院依照《仲裁法》的有关规定作出的财产保全和证据保全裁定。

（7）经人民法院裁定承认其效力的外国法院作出的判决、裁定以及外国仲裁机构作出的裁决。

2. 其他机关制作的发生法律效力的法律文书

（1）行政机关制作的依法应当由人民法院执行的行政处罚决定书和行政处理决定书。

（2）我国仲裁机构作出的仲裁裁决书、调解书。

（3）公证机构制作的依法赋予强制执行效力的债权文书。

（4）法律规定由人民法院执行的其他法律文书。

三、执行主体

执行主体包括执行机构和执行当事人。

（一）执行机构

1. 执行机构的概念

执行机构是指设立在人民法院内部、专门从事执行工作，履行执行职责的执行庭或执行局，它是与审判机构相平行的职能机构。

2. 上级人民法院执行机构的职责

上级人民法院执行机构负责本院对下级人民法院执行工作的监督、指导和协调，最高人民法院监督、指导和协调地方各级人民法院和专门人民法院的执行工作。

（二）执行当事人

执行当事人是指在执行程序中享有民事权利、承担民事义务的人，包括申请执行人和被申请执行人。

四、执行客体

（一）执行客体的概念

执行客体，也称执行标的、执行对象，是指执行机构的执行行为指向的对象。执行客体只能是财产或行为。人身不能成为执行客体。虽然有搜查措施和执行实践中出现的“劳务抵债”是以债务人的人身为对象的，但搜查是对妨害民事执行的人采取的强制措施，“劳务抵债”是执行当事人之间达成的执行和解，均不是执行行为。

（二）执行客体的范围

1. 财产

作为执行客体的财产，包括金钱、物品、有价证券以及其他财产权利等，包括债务人现有的财产以及可取得的财产（后者如债务人对第三人的债权，可分得的股息、红利等）。

下列财产不能作为执行客体：

（1）土地、矿藏、河流等不得让与的财产；

（2）债务人及其所扶养家属的生活必需费用及生活必需品，如床铺、被褥、饭锅、碗筷等；

（3）专属于债务人个人的财产，如荣誉证书、礼拜用品等；

（4）法律禁止流通物，如毒品、赃物等。

2. 行为

行为作为执行客体，仅限于执行根据规定债务人应当实施或者不得实施一定的行为的案件中。

五、代位申请执行

在执行程序中，债务人不能清偿债务，但对本案以外的第三人享有到期债权的，人民法院可以依申请执行人的申请，通知该第三人向申请执行人履行债务，该第三人对债务没有异议但在通知指定的期限不履行的，人民法院可以采取执行措施迫使其履行义务。

六、参与分配

参与分配，是指民事执行程序开始后，债务人的其他债权人发现债务人的财产不足以清偿所有债权，申请参加执行程序就债务人的财产受偿，执行机构依法统一分配债务人的财产的制度。

（一）参与分配的条件

（1）申请参与分配的主体必须是已经取得执行根据或者已经起诉的债权人；

（2）债务人必须是自然人或者非法人组织；

（3）债务人的其他财产不足以清偿全部债务；

（4）必须在法定期间内提出申请即必须是在执行程序开始后至债务人的财产被执行完毕前提出。

（二）参与分配的程序

人民法院对参与分配案件中可供执行的财产，应当首先对享有优先权、担保物权的债权人依照法律规定优先清偿，然后按以下顺序清偿：

（1）所欠职工工资和劳动保险费用；

（2）所欠税款；

（3）债权。

债务人的财产不足以清偿同一顺序清偿要求的，按照比例分配。

七、执行担保

（一）执行担保的概念

执行担保是指在执行程序中，债务人或者第三人向人民法院提供担保，请求法院暂缓执行，经申请执行人同意，人民法院决定暂时停止执行的一种制度。

（二）执行担保成立的条件

（1）债务人向人民法院提出申请。

（2）债务人应当向人民法院提供担保。

在执行担保中，债务人应当向人民法院提供担保而不是向债权人提供担保。担保的方式，可以是由债务人向人民法院提供财产担保，也可以是由第三人出面提供担保。

（3）须经债权人同意。

（三）执行担保的效力

（1）执行担保成立的，人民法院应当裁定暂缓执行。

（2）债务人应当按照暂缓执行决定书中确定的期限履行生效法律文书指定的义务。

（3）在暂缓执行期间，债务人或担保人对担保的财产有转移、隐藏、变卖、毁损等行为的，人民法院可以恢复强制执行。

（4）债务人在人民法院决定暂缓执行的期限内仍不履行法律文书所确定的义务的，人民法院可以直接执行债务人提供担保的财产或者裁定执行担保人的财产。但执行担保人的财产以担保人提供担保的部分财产为限。

八、执行救济

（一）执行救济的概念和构成要件

执行救济，是指当事人或利害关系人因自己的合法权益受到执行机构及其人员的瑕疵执行行为的侵害，依法请求有关机构采取保护和补救措施的制度。

执行救济由四个要件构成：(1) 执行机构及其人员实施了民事执行行为；(2) 执行机构及其人员的执行行为具有瑕疵，即具有违法性或者不当性；(3) 当事人或者利害关系人的合法权益受到损害；(4) 违法或者不当的执行行为与损害结果之间存在因果关系。

(二) 我国现行的执行救济制度

我国法律没有明确提出“执行救济”的概念，目前我国法律只对一种类型的执行争议——执行异议作出了规定。

(三) 提起执行异议的条件

(1) 有权提出执行异议的主体只能是案外人。

(2) 提出执行异议的内容必须是对执行标的主张实体权利。如果只是对执行程序问题提出不同意见，不属执行异议。

(3) 执行异议必须在执行程序开始后到执行结束前提出。

(4) 执行异议一般应以书面形式提出。

(四) 对异议的审查和处理

(1) 执行异议没有理由，不符合条件的，应驳回异议，执行程序继续进行。

(2) 提出异议的执行标的物是法律文书指定交付的特定物，经审查异议成立的，报经院长批准，裁定对生效法律文书该项内容中止执行。执行上级人民法院的法律文书，报经上级人民法院批准。

(3) 执行标的物不属生效法律文书指定交付的特定物，经审查认为案外人异议成立的，报经院长批准，停止对该标的物的执行。

(4) 一时难以确定是否成立，案外人已提供确实有效的担保的，可以解除查封、扣押措施。如果申请执行人提供确实有效担保的，可以继续执行。

(5) 委托执行中，受委托人民法院函告委托人民法院，由委托人民法院通知驳回或者作出中止执行的裁定，在此期间，暂缓执行。

(6) 在执行其他机关制作的法律文书时，如果案外人提出执行异议，执行机构经审查认为确有理由的，经院长批准，裁定不予执行。

九、执行和解

(一) 执行和解的概念

执行和解是指在执行程序中，双方当事人就执行标的的一部分或全部自行协商，互相谅解，自愿达成协议，解决争议，经人民法院批准，从而结束执行程序的活动。

(二) 执行和解的成立条件

(1) 协议必须是出自双方当事人自愿；

(2) 协议内容必须符合法律规定；

(3) 和解当事人必须具有完全民事行为能力；

(4) 执行和解必须在执行程序开始后程序终结前进行；

(5) 执行和解必须遵守法定程序。

(三) 执行和解的效力

(1) 中止或终结执行程序。

(2) 原执行根据并未撤销。

当债务人拒不履行和解协议时，债权人不能依和解协议申请强制执行，而只能申请执行原生效的法律文书。

十、执行回转

(一) 执行回转的概念

执行回转是指在民事执行过程中或执行结束后，由于据以执行的判决书、裁定书、调解书或其他法律文书被依法撤销，由人民法院重新采取执行措施，强制取得财产的一方当事人将执行所得财产的一部分或全部退还给原来的债务人，使财产权利恢复到执行程序开始前的状态的一种制度。

(二) 执行回转的程序

人民法院作出执行回转的裁定，责令原申请执行人返还已取得的财产及其孳息或其他民事权益。拒绝返还的，强制执行。

十一、执行开始

(一) 申请执行

申请执行，是指享有权利的一方当事人根据生效法律文书，在对方拒绝履行义务的情况下，向人民法院提出申请，请求人民法院强制执行。

1. 申请执行的期间

申请执行的期间为两年，申请执行时效的中止、中断，适用法律有关诉讼时效中止、中断的规定。申请执行的期间从法律文书规定履行期间的最后一日起计算；法律文书规定分期履行的，从规定的每次履行期间的最后一日起计算；法律文书未规定履行期间的，从法律文书生效之日起计算。

2. 申请执行的管辖法院

发生法律效力的民事判决、裁定，以及刑事判决、裁定中的财产部分，由第一审人民法院或者与第一审人民法院同级的被执行的财产所在地人民法院执行。

法律规定由人民法院执行的其他法律文书，由被执行人住所地或者被执行的财产所在地人民法院执行。

3. 申请执行的救济

人民法院自收到申请执行书之日起超过六个月未执行的，申请执行人可以向上一级人民法院申请执行。上一级人民法院经审查，可以责令原人民法院在一定期限内执行，也可以决定由本院执行或者指令其他人民法院执行。

（二）移送执行

移送执行的案件范围包括：

（1）人民法院制作的具有给付赡养费、扶养费、抚育费内容的民事判决书、调解书。

（2）人民法院制作的民事制裁决定书，如罚款决定书。

（3）人民法院制作的具有财产内容的刑事判决书、裁定书。

（4）人民法院制作的财产保全和先予执行裁定书。

十二、执行前的准备

（1）审查执行根据。

（2）审查开始执行手续是否完备。

1）当事人的申请是否超过了申请执行的期限。

2）申请或移送手续是否完备。如申请执行书、移送执行书或者委托执行函有无遗漏或差错，如有，应当退回并限期补充或更正。

（3）发出执行通知，并查明债务人的财产状况。

向债务人发出执行通知书，责令其在指定的期间内履行生效法律文书确定的义务，并承担法律规定的迟延履行期间的债务利息或迟延履行金。

十三、执行中止和执行终结

（一）执行中止

适用执行中止的情形主要有以下几种：

（1）申请人表示可以延期执行的。

（2）案外人对执行的财产提出确有理由的异议的。

（3）作为一方当事人的自然人死亡，需要等待继承人继承权利或承担义务的。

（4）作为一方当事人的法人或者非法人组织终止，尚未确定权利义务承受人的。

（5）按照审判监督程序提审或再审的案件，执行机构应当根据上级法院或本院作出的中止执行的裁定中止执行。

（6）人民法院认为应当中止执行的其他情形。如人民法院已经受理破产案件的；执行债务人确无财产可供执行的等。

（二）执行终结

执行终结，又称执行结束、执行结案，是指一件案件的执行程序终了。

1. 执行完毕

执行完毕是指生效法律文书确定的执行内容，经被执行人自动履行、人民法院强制执行，申请标的已全部执行到位，或是当事人达成执行和解协议，且执行和解协议履行完毕。执行完毕后，对被执行人的限制措施、强制措施应全部解除，当事人之间的权利义务关系将不能再通过强制执行程序来实现。

2. 裁定终结执行

有下列情形之一的，人民法院裁定终结执行：

（1）申请人撤销申请。

（2）据以执行的法律文书被撤销。

（3）作为被申请执行人的公民死亡，无遗产可供执行，又无义务承担人。

（4）追索赡养费、扶养费、抚育费案件的权利人死亡。

（5）作为被申请执行人的公民因生活困难无力偿还借款，无收入来源，又丧失劳动能力。

（6）人民法院认为应当终结执行的其他情形。

十四、对财产的执行措施

（一）实现金钱债权的执行措施

1. 冻结、划拨债务人的存款

冻结债务人的存款，法院应当作出裁定，并向有关金融机构发出协助执行通知书。有关金融机构接到通知书后，应当立即办理冻结手续。债务人账户上当日存款不足冻结数额的，有关金融机构应当继续冻结随后进入该账户的存款。冻结存款的期限为 6 个月，需要延长的，每次最长期限仍为 6 个月。金融机构擅自解冻，造成冻结款项被转移的，人民法院有权责令其限期追回已转移的款项。在限期内未能追回的，应当裁定该金融机构在转移的款项范围内以自己的财产向债权人承担责任。

划拨债务人的存款是指人民法院通过金融机构将债务人账户上的存款，划入债权人的账户的执行措施。划拨一般在冻结存款的基础上进行，但也可以不经冻结而直接划拨。法院应发出协助执行通知书，并附生效法律文书。

2. 扣留、提取债务人的收入

该项措施主要用于追索赡养费、扶养费、抚育费案件的执行，有时也适用于损害赔偿、债务等案件的执行。其执行需要债务人所在单位协助。

（1）扣留。

扣留是指暂时不准当事人支取和处分自己的收入，暂时交由有关单位或人民法院保管的执行措施。

（2）提取。

提取是指法院依法将本应支付给债务人的金钱从有关单位支取，并转交给执行债权人的措施。

（3）收入。

收入包括劳动收入和其他收入（如房屋租金、银行存款利息以及从事金融投资的收益等收入)。

3. 查封、扣押、冻结、拍卖、变卖债务人的财产，及以物抵债

(1) 查封。

查封是指查封财产，就地封存，不准任何人转移和处分的执行措施。查封一般适用于不动产或体积较大且难以移动的动产。

查封的财产应加贴封条，不便加贴封条的，应当张贴公告。可以指令由债务人负责保管，如继续使用，对其价值无重大影响，可以允许。

(2) 扣押。

扣押是指将财产运送到有关场所加以扣留，不准债务人占有、使用和处分的执行措施。

扣押措施一般用于价值较高、易于移动的财产，有时也适用于对船舶、航空器等其他特殊物品的扣押。

查封、扣押必须严格依照法律规定的程序进行：1) 作出裁定，并送达债务人。2) 债务人是自然人的，通知债务人或者其成年家属到场；债务人是法人或非法人组织的，通知其法定代表人或主要负责人到场。拒不到场的，不影响执行。债务人是自然人的，其所在单位或财产所在地基层组织应当派人参加，协助做好执行工作。3) 将查封、扣押过程记入笔录。4) 对查封、扣押的财产，造具清单，由在场人员签名或盖章。财产清单副本应交债务人或者其成年家属，正本由执行人员附卷存档。

(3) 冻结。

冻结是指向金融机构发出协助执行通知书，停止债务人对其股权、股息、红利、土地使用权等行使权利，禁止债务人转移或支取的执行措施。

(4) 拍卖与变卖。

拍卖财产，是指对已被查封、扣押的财产，以公开竞价的方式卖给出价最高的买受人，将所得价款交给债权人的措施。

变卖财产，是指将已被查封、扣押的财产强制予以出卖，把所得价款交给申请执行人的措施。

人民法院可以不经查封、扣押而直接采取拍卖或变卖措施。拍变或变卖前应当委托依法成立的资产评估机构进行价格评估。拍卖应当委托拍卖机构进行，变卖可以委托信托商店或其他商业机构进行，也可以自行组织变卖，或者由债务人在人民法院的监督下自行组织变卖，由人民法院控制变卖的价款。但是，国家禁止自由买卖的物品，如黄金、文物等，不得变卖，只能由国家有关部门按照国家规定的价格收购。对变卖的财产，人民法院或其工作人员不得买受。拍卖、变卖成交后必须钱物两清。人民法院委托拍卖、变卖或自行组织变卖发生的实际费用，从所得价款中优先扣除。拍卖、变卖所得价款如有余额，应当退还债务人。

(5) 以物抵债。

无法拍卖和变卖，或者经拍卖、变卖无人买受的，人民法院可以经申请执行人

同意，将该项财产作价后交付申请执行人抵偿债务，这就是以物抵债。

4. 对债务人知识产权的执行

（1）裁定禁止债务人转让其专利权、注册商标专用权、著作权（财产权部分）等知识产权，并向有关部门发出协助执行通知书，要求其不得办理知识产权转移手续，必要时可以责令债务人将知识产权或者使用权证照交人民法院保存。

（2）采取上述执行措施后，债务人仍拒不履行义务的，人民法院有权对债务人享有的知识产权采取拍卖、变卖措施。

5. 对债务人投资权益或股权的执行

企业的性质不同，对债务人拥有的投资权益或股权强制转让的条件、方式也有所不同。

（1）对债务人在有限责任公司、其他法人企业中的投资权益或股权，人民法院可以采取冻结措施。该企业不得办理被冻结投资权益或股权的转移手续，不得向债务人支付股息或红利，同时，被冻结的投资权益或股权，债务人不得自行转让。

对债务人在有限责任公司中被冻结的投资权益或股权，人民法院征得全体股东过半数同意后，予以拍卖、变卖或以其他方式转让。不同意转让的股东，应当购买该转让的投资权益或股权，不购买的，视为同意转让，不影响执行。

（2）对债务人在其独资开办的法人企业中拥有的投资权益被冻结后，人民法院可以直接裁定予以转让，以转让所得清偿其对申请执行人的债务。

（3）对债务人在中外合资、合作经营企业中的投资权益或股权，在征得合资或合作他方同意和对外经济贸易主管部门的批准后，可以对冻结的投资权益或股权予以转让。

其他股东又不同意转让的，可以直接强制转让债务人的投资权益或股权，但是应当保护合资他方的优先购买权。

（4）对债务人在其他股份有限公司中持有的股份凭证（股票），人民法院可以扣押，并强制债务人按照公司法的规定转让，也可以直接采取拍卖、变卖的方式进行处分，或者直接将股票抵偿给债权人，用于清偿债务人的债务。

（5）对于债务人基于股权而从有关企业中应得的股息和红利，凡是已到期的，人民法院有权裁定禁止债务人提取和有关企业向债务人支付，并要求有关企业直接向申请执行人支付；凡是未到期的，人民法院都可以采取冻结措施，禁止到期后被执行人提取和有关企业向债务人支付。到期后，人民法院可以从有关企业中提取股息或红利，并出具提取收据，然后将有关金钱转交给申请执行人。

（二）实现财产交付请求权的执行措施

被申请执行人拒不履行交付法律文书指定的财物或者票证的义务时，民事执行机构有权通过一定的强制手段，责令和监督被申请执行人交付法律文书所指定的财物或票证。

法律文书所指定的财物，可以是特定物，也可以是特定化的种类物；法律文书所指定的票证，一般是有财产权利内容的凭证，如股票、国库券等。

交付财物或票证的方法有当面交付和转交两种。当面交付，就是执行人员传唤双方当事人到庭或指定场所，由债务人将法律文书所确定的应当交付的财物或票证交付给债权人。转交有由人民法院转交和由第三人转交（财物或票证由第三人持有或保管的）两种形式。

十五、对行为的执行措施

（一）对作为行为的执行措施

（1）对于可替代完成的作为，被执行人拒不履行的，人民法院可以委托有关单位或他人完成，因完成上述行为所发生的费用，由被执行人承担。

（2）对不可替代作为的执行，执行方法有两种，一种是拟制执行，即法律文书一旦生效，就视为义务人已履行义务，如赔礼道歉；另一种是首先对其说服教育，敦促其自动履行，经说服教育债务人仍拒不履行的，人民法院应当依妨害民事执行的有关规定对债务人采取强制措施，如罚款、拘留等，构成犯罪的，依法追究刑事责任（拒不执行生效裁判罪）。如离婚诉讼中判决未成年子女由女方抚养，但男方拒不交出该子女的，就应当按不可替代的作为行为采取强制执行措施。

（二）对不作为的执行措施

债务人没有实施积极的作为，就是已经履行义务，如果债务人实施积极的作为，就是拒不履行生效法律文书确定的义务，因而需要强制执行。

（三）对迁出房屋或退出土地的行为的执行措施

其实施程序如下：

（1）发出执行公告。

（2）通知有关人员到场。

强制执行时，债务人是自然人的，应通知本人或其成年家属到场，并邀请债务人所在单位以及有关房屋、土地所在地的基层组织派人参加，以便协助执行；债务人是法人或非法人组织的，应当通知其法定代表人或主要负责人到场。拒绝到场的，不影响执行。

（3）依法强制执行。

强制债务人迁出房屋或退出土地的执行工作，应当由执行员、书记员和司法警察共同进行。一般先要向债务人进行法制教育。强制迁出房屋时，执行人员应当组织人力将被执行人的财物经过清点后，造具清单，然后送往指定的地点，交给债务人。债务人是公民的，也可以交给他的成年家属。债务人拒收，执行员可以指定有关单位或个人保管。强制迁出房屋和保管财物所发生的一切费用，均由债务人承担。强制退出土地时，执行员也应派人将土地上的一切财物运到指定地点，所需要的劳务费用，由债务人承担。

（4）制作执行笔录。

（5）交付。

强制迁出后腾空的房屋或退出的土地，人民法院应及时交付申请执行人，结束执行程序。

十六、保障性的执行措施

保障性执行措施是指为了辅助与配合直接实现申请执行人权利的基本执行措施而实施的执行措施。

（一）查询债务人的存款

被执行人的执行是由法院来进行管理的，法院可以通过查询债务人的存款确定债务人是否具有履行债务的能力。具体包括以下三种：

（1）查证被执行人和家属的身份，了解其职业和收入情况，为查询个人存款提供依据。

（2）根据当事人提供的线索进行查询，如果当事人能够提供具体的线索信息的，比如银行或者储蓄所，执行人员可以持有效身份证件前往查询、冻结和划拨存款。

（3）依职权广泛查询被执行人个人存款，如果申请人不能提供相应线索，但执行人员根据掌握情况，可以划定具体的范围进行查询。

（二）搜查债务人的财产

搜查是指执行机构对债务人的人身及其住所、财产隐匿地进行搜索，查找被隐匿财产。

搜查是一种很严厉的执行措施，它不仅关系到宪法赋予公民的基本权利，如人身自由、名誉权、居住权等，而且影响到人民法院执法的严肃性，因此必须严格按照法律规定的条件和程序进行。

1. 适用搜查措施的条件

（1）生效法律文书确定的履行义务的期限已经届满；

（2）债务人拒不履行法律文书确定的义务；

（3）人民法院认为债务人存在隐匿财产的行为。

2. 适用搜查措施的程序

（1）法院院长签发搜查令。由执行员负责执行，并有司法警察参加。搜查人员必须按规定着装，并向被搜查人出示搜查令和身份证件。

（2）通知有关人员到场。如果搜查对象是自然人的，债务人或者其成年家属以及基层组织派员到场；如果搜查对象是法人或者非法人组织的，应当通知法定代表人或主要负责人到场。拒不到场的，不影响搜查的进行。除上述人员外，禁止其他无关人员进入搜查现场。

（3）搜查对象包括债务人的住所、财产隐匿地及人身。对债务人可能存放隐匿财物及有关证据材料的处所、箱柜等，经责令债务人开启而拒不配合的，人民法院可以强制开启。此外，搜查妇女的身体，应当由女执行员进行。

（4）采取查封、扣押措施，制作查封、扣押财产清单。

（5）制作搜查笔录。

（三）责令支付迟延履行利息或迟延履行金

1. 加倍支付迟延利息

迟延履行利息按银行同期贷款最高利率计算，加倍支付。计息期间从法律文书确定的履行期限的最后一日的次日开始至履行义务之日止。

2. 支付迟延履行金

无论是否给申请执行人造成损失，都应当支付迟延履行金。已经造成损失的，双倍补偿申请执行人已经受到的损失；没有造成损失的，迟延履行金可以由人民法院根据具体案情确定。迟延履行期间从生效法律文书指定的履行期间届满的次日起计算。

（四）办理财产权证照转移手续

在执行过程中，需要办理有关财产权证照转移手续的，就需在产权转移的同时办理财产权证照的转移手续。财产权证照是表示具有财产内容的各种证明文书和执照，如房产证、土地证、林权证、专利证书、商标证书、车船执照等。

人民法院在执行中需要办理有关财产权证照转移手续的，可以向有关单位发出协助执行通知书，有关单位必须办理。

根据《民事诉讼法》第117条的规定，有义务协助调查、执行的单位有下列行为之一的，人民法院除责令其履行协助义务外，并可以予以罚款：（1）有关单位拒绝或者妨碍人民法院调查取证的；（2）有关单位接到人民法院协助执行通知书后，拒不协助查询、扣押、冻结、划拨、变价财产的；（3）单位接到人民法院协助执行通知书后，拒不协助扣留被执行人的收入，办理有关财产权证照转移手续，转交有关票证、证照或者其他财产的；（4）其他拒绝协助执行的。人民法院对有前款规定的行为之一的单位，可以对其主要负责人或者直接责任人员予以罚款；对仍不履行协助义务的，可以予以拘留；并可以向监察机关或者有关机关提出予以纪律处分的司法建议。

（五）对剩余债务的继续执行

采取查询、冻结、划拨债务人的存款，扣留、提取债务人的收入，查封、扣押、冻结、拍卖、变卖债务人的财产等项执行措施后，债务人仍不能清偿债务的，应当由其继续履行义务；债权人发现债务人有其他财产的，可以随时请求人民法院执行。

只要债务人还有剩余债务存在，就应当负责清偿，直到全部清偿完毕，以区别于破产制度。

本部分小结

学完本部分内容，大家对于民事诉讼的执行程序和执行措施是否有所了解了呢？本部分主要讲述了执行管辖的种类、执行根据、执行主体、执行客体、执行担保、执行救济、执行和解、对财产和行为的执行措施等内容，大家一定要认真学习。课后请大家回顾相关知识，并回答：

1. 执行主体包括哪些？
2. 执行救济的构成要件有哪些？
3. 对财产的执行措施有哪些？